国家公园：
从理念到实践

陈 曦 著

中国建筑工业出版社

图书在版编目（CIP）数据

国家公园：从理念到实践／陈曦著. —北京：中国
建筑工业出版社，2020.10
ISBN 978-7-112-25119-3

Ⅰ. ①国… Ⅱ. ①陈… Ⅲ. ①国家公园−建设−研
究−中国 Ⅳ. ①S759.992

中国版本图书馆CIP数据核字（2020）第077038号

责任编辑：何　楠　陆新之
版式设计：锋尚设计
责任校对：王　烨

国家公园：从理念到实践
陈　曦　著
*
中国建筑工业出版社出版、发行（北京海淀三里河路9号）
各地新华书店、建筑书店经销
北京锋尚制版有限公司制版
北京建筑工业印刷厂印刷
*
开本：787×1092毫米　1/16　印张：11½　字数：175千字
2020年10月第一版　　2020年10月第一次印刷
定价：58.00元
ISBN 978-7-112-25119-3
（35903）

序

　　人类社会在经历农业文明、工业文明之后，面对工业革命造成的人类困境，人与自然的关系、社会经济发展模式、全球生态等问题得到了各界广泛关注。对这些全球性问题的反思，促使第三次社会变革的兴起，一种新的文明形态正在创立。在这一历史背景下，类型多样的自然保护地作为体现这一新兴文明的重要载体，在全球范围广泛建立，这既是体现"人与自然关系"理念变迁的产物与成果，也是探索解决人类社会面临的全球性生态危机及发展模式选择问题的实践场所。

　　1872年，全球首个以"国家公园"命名的"黄石国家公园"在美国建立。国家公园作为美国首创，百余年间，受到世界人民的广泛欢迎并被众多国家和地区所接受。国家公园作为自然保护地中的重要类型，在世界大多数国家和地区嵌入式推广设立。这些国家和地区在自然环境条件、社会经济发展进程、秉承文化理念以及对待人与自然关系等问题上又都存在显著的差异，在接受国家公园理念的同时又融入了各自本土的风格特色。在此历程中，人类建立自然保护地的初衷从开始的单纯为了人类的生存保护自然转向追求可持续的人与自然和谐发展。自然保护地的保护理念正在从国内保护走向跨国界保护，实现保护的全球化、网络化，凸显构建人类命运共同体的全球共识；从保护地孤岛式的保护走向关注社区利益，希望获得社区民众的积极参与和支持，使生命共同体中的多利益主体获益；从关注单一的保护物种栖息地、生境到与国家和地区的发展规划、政策及法律融合，即从关注自然生态系统到关注社会生态系统；从各国单独建设与运营走向全球化背景下开展的政府双边、多边合作，政府与非政府，企业与社区的多领域新型合作；从关注物种生存繁衍与生态环境的健康稳定到避免武装冲突及战争对地球资源的侵害，以推动世界和平与稳定；从定性探讨向制定标准、量化测度、模式与工具研究转变。

　　在世界国家公园经历的一个多世纪的发展进程中，据统计，中国已建立的各级各类自然保护地超过1.18万个，保护面积占国土空间陆域面积的18%、领海的4.6%。长期以来，这些自然保护地在维护我国国家生态安全、保护生物多样性、改善生态环境质量以及传承自然遗产等方面发挥了重要作用。由于时代的局限性，自然保护地也存在着顶层设计缺失、保护理念不明确、管理体制不健全、运营机制不协调、法律体系不完备以及产权责任不清晰等问题。为应对这些现实问题，2013年国家层面首次提出建立"国家公园体制"以来，在幅员辽阔的国土空间上，选取了社会经济发展水平存在显著差异的地区，针对不同类型的生态系统，建立了11处国家公园体制试点区开展全面的体制试点，为探索建立真正意义上的具有中国特色的国家公园积累了丰富的实践经验。2017年，《建立国家公园体制总体方案》提出了建立国家公园体制具有宏观政策指引意义的总体框架。2019年，《关于建立以国家公园为主体的自然保护地体系的指导意见》出台，标志着我国自然保护地建设进入全面深化改革的新阶段，提出2020年完成国家公园体制试点，设立一批国家公园，2025年健全国家公园体制及初步建成以国家公园为主体的自然保护地体系，2035年全面建成中国特色自然保护地体系的发展时序。目前，正处于国家公园体制试点区评估考核，准备建立真正意义上的国家公园的前期阶段，需要提出中国国家公园核心理念，宏观层面国家公园的中国特色定位、自然保护地体系重构、法律体系建设与微观层面的规划、运营、管理、保护等多方面的实践策略，为建立以国家公园为主体的自然保护地体系提供参考。

要建立本土化的国家公园，一方面，需要从理念上明确什么是具有中国特色的国家公园。为什么世界上第一座"国家公园"出现在美国？为什么中国在"天人合一"的最高理念与行为准则之下，在不同程度具有成为国家公园潜质的园林空间漫长的发展实践之中，并没有诞生国家公园这样的概念与实体？在中国特色社会主义新时代这一背景之下，中国作为提出人与自然关系最高法则和开展营造人地和谐关系场所实践的国家，首次提出建立国家公园体制，在此背景下建立具有中国特色国家公园的核心理念是什么？这一生态空间又有哪些时代赋予的使命与价值？

另一方面，需要从实践上提出构建以国家公园为主体的自然保护地体系的实现路径。在生态文明体制改革、国土空间规划体系构建背景下，如何在生产、生活空间中界定出以国家公园为主体的自然保护地体系这一生态空间？作为有机系统，其内部由哪些要素构成，要素之间存在哪些功能关系，如何相互作用？该体系划分出的三大类型保护地各有什么特征？该体系与外部环境如何关联，在国土空间上对生产、生活空间会产生什么影响？如何实现与国土空间规划体系包含的规划编制审批体系、实施监督体系、法规政策体系以及技术标准体系四个子体系的衔接？在国家公园体制试点阶段，如何为建立真正意义上的国家公园进行多角度的探索实践积累经验？

本书试图通过从国家公园核心理念的探讨到实践路径的思考梳理上述问题，全书共分为：理念篇——借鉴与审思；框架篇——定位与衔接；建构篇——体系与边界；试点篇——问题与对策四个部分。主要探讨以下问题：

第一，梳理了生态文明发展历程中，在以机械论自然观为导向"主、客二分法"这一现代科学研究范式的背景下，生态思想的产生对生物学、哲学、政治学、经济学与社会学等多学科领域的渗透，从而站在多学科的角度，阐释了生态思想对建立国家公园的启示。

第二，通过对国外生态思想、中国传统生态智慧以及中国当代生态文明理念的研究，对国家公园的国际定义与多国定义，中国历史上秉承传统生态哲学思想具有国家公园特质的物质空间发展脉络的梳理以及与国家公园相关的几组关系的辨析，提出了国家公园的中国特色与核心理念。

第三，将中国国家公园放在世界国家公园的发展历程中，在吸收世界国家公园发展经验的同时，立足本国实际寻找自己的时代价值及全球定位。

第四，从系统论的角度以有机论的世界观、涌现性的方法论以及系统思维，研究国家公园作为开放复杂巨系统具有的特征、规律与机制，以及在万物互联、动态演化中国家公园内部环境要素与外部环境之间的关系问题。

第五，以国家公园为主体的自然保护地体系是生态文明的核心载体，是国土空间中一类大尺度的生态空间，与生产、生活空间紧密联系，在维护国家生态安全中具有重要地位。本书阐释了以国家公园为主体的自然保护地体系在国土空间规划体系中的定位以及与四个子体系的衔接问题。

第六，在国家提出建立以国家公园为主体，自然保护区为基础，自然公园为补充的自然保护地分类体系顶层设计之下，以海南这一位于中国最南端全国唯一拥有热带雨林及热带海洋的岛屿型省份为例，开展如何重构类型全面、层次清晰、管理目标明确的自然保护地体系的研究，为国家层面的自然保护地体系重构提供区域性的海南经验。

第七，就国家公园规划建设的首要问题——边界划定，从以"多规合一"为技术平台的国土空间用途管制及以景观生态学为理念的生命共同体构建双重视角，提出了双层边界划定的构想。

第八，以具有热带雨林、热带海洋特色资源的岛屿型省份海南省开展国家公园体制试点时面临的国家公园的主体性定位、管理体制、运营机制、法律体系构建及空间布局等难点问题，进行梳理并提出解决策略。

本书采用生态思想影响下的多学科视角、系统论的分析方法，就以国家公园为主体的自然保护地体系这一开放复杂巨系统，从核心理念、中国特色、时代价值、全球定位、体系对接、分类重构、边界划定以及体制试点等诸多问题进行了从理念到实践的思考，以期在国家公园体制试点即将完成到正式建立国家公园的转折期，对我国国家公园的建设提供参考。此外，就海南省这一具有独特生态系统资源的热带岛屿型省份，在开展国家公园体制试点并建立以国家公园为主体的自然保护地体系的过程中，所面临的确定国家公园主体性、管理体制、运营机制、法律体系以及空间布局等难点问题提出了解决策略，为地方国家公园体制建设进行了区域性探索。希望这些思考能够对参与建设国家公园及自然保护地的政府决策者、研究者，参与规划设计、运营管理、法律法规制定等的实践者以及对国家公园感兴趣的公众有所帮助。

中国国家公园是在中国古代哲学思想、西方近现代生态思想以及中国特色社会主义新时代生态观共同影响作用下形成的建设生态文明的重要实体。在新时代建立以国家公园为主体的自然保护地体系，在代际传承、全球一体的时空背景下，中国国家公园需立足本国实际，在吸收世界国家公园发展经验的同时，找到自己的时代价值及全球定位。本书提出了"代表国家形象，面向全体国民，承担代际责任，服务全球生态"的中国国家公园核心理念。在建设国家公园及自然保护地发展历程中，还需要在理念上不断吸收生态文明思想、生命共同体、生态价值、绿色发展观等理论研究成果，实践上不断研究自然保护与社区发展、生态环境治理与社会发展、生态价值实现与经济发展、人地关系与环境资源立法、主体功能区发展与生态补偿等的协同机制与实现路径等问题，为世界国家公园建设以及全球生态文明建设提供中国方案。

建构篇
体系与边界

理念篇

借鉴与审思

　　国家公园为美国所首创，百余年间完成了从美国创立到全球推广的发展历程。国家公园这一特殊的生态空间载体，既承载着人类如何看待"人与自然关系"的理念变迁，又嵌入了各国本土思想文化传统，还为应对全球生态危机探索人与自然和谐共存提供了多样化的实践方案。中国作为提出"天人合一"这一人与自然关系最高准则的国家，在历经几千年的理念传承与实践积累后，在新时代生态文明体制改革过程中，提出建立以国家公园为主体的自然保护地体系，如何彰显本土特色、体现时代价值、服务全球生态，需要探讨具有中国特色的国家公园核心理念，以指导自然保护地的建设实践。

1

生态文明的发展脉络与
产生的影响

1.1 世界生态文明的发展脉络与产生的影响

1.1.1 生态文明产生的历史背景

在人类社会发展历程中，经历了两次导致价值体系发生显著变化的重大变革。第一次是约一万年前兴起于中东地区的农业革命，这次变革以动植物种养殖为主的技术创新使食物供给得到有效改善，由狩猎和采集为主的社会生活方式转变为定居型，劳动分工更为精细，人与自然的关系也因此发生了重大变革。另一次是始于18世纪60年代的工业革命，以机器取代人力、以规模化生产代替个体手工生产的科技变革，乡村让位于城市，农民变成产业工人，自然被当作资源利用支配。观念、信仰、准则、价值、制度等人类共有的社会规范在这两次变革中建立与变迁。

随着西方工业文明的发展，人们对自然界的肆意征服、索取和支配所产生的生态问题，已经超越了国界成为必须面对和亟待解决的全球性问题。至20世纪60年代，全球环境污染进一步恶化，全球气候变暖、臭氧层破坏、土地荒漠化、森林面积减少、酸雨污染、水资源污染、化学污染、空气污染、生物多样性危机及能源危机等问题，迫使人类开始有意识地寻求新的发展模式。在经历了农业文明和工业文明这两次变革之后，为应对工业革命造成的人类困境，第三次社会变革正在兴起，一种新的文明形态正在建立。

1.1.2 生态文明发展的标志性事件

工业革命使人类生产力有了突破性进展，物质产品得到极大丰富，随之而来的是自20世纪60年代起，全球生态危机频发，人类赖以生存的可持续发展的必要条件受到前所未有的威胁，学者、非政府组织、政府间组织与国际社会均对工业文明的发展模式进行了多角度的反思。

1.1.2.1　一部改变美国的生态启示文学作品

1962年，蕾切尔·卡逊（Rachel Louise Carson）在《纽约人》杂志连载了《寂静的春天》，同年9月出版的单行本在美国引起巨大反响。该书用事实证明了滥用农药和杀虫剂对河流、湖泊、地下水造成的污染，对动植物及人类生命形成的威胁。该书引起了美国总统肯尼迪的关注，他指示在科学咨询委员会设立农药委员会对书中所描述的滥用农药和杀虫剂对环境及人类生命造成的影响提出科研报告，报告内容印证了书中内容的科学性。在卡逊辞世后的1964年，美国议会通过了《联邦杀虫剂、杀菌剂及灭鼠剂法修正法案》。《寂静的春天》被视为改变美国的著作之一，作者卡逊开创了生态启示文学之路并最早提出人工化学物质会造成环境污染，被当作环境保护运动的先驱，在国际社会获得崇高赞誉。

1.1.2.2　两份关于人类困境的研究报告

1972年，非正式的国际协会罗马俱乐部发表了研究报告《增长的极限》，认为工业革命的经济增长模式给地球带来了毁灭性灾难，人类社会进入了前所未有的困境。该书基于对人口增长率、粮食、土地资源以及环境污染等的预测，提出以"零增长"的人类未来发展模式，扭转工业革命粗放的经济增长模式给地球与人类带来毁灭性灾难的趋势，提出应避免人类活动的耗费接近地球可支撑的极限，以及人口、工业生产力产生突然的不可控制性衰退，建立稳定的生态与经济均衡发展观念，从而走出人类社会面临的前所未有的困境。这一知识预警，得到国际组织强烈回应，提高了公众对环境问题的认知度，并引起对未来限制资源消费增长的讨论，使建立"稳定的""可持续的"发展思想，采取不会导致环境退化的全球均衡发展成为可能。

无独有偶，经济学家芭芭拉·沃德、生物学家勒内·杜博斯受联合国人类环境会议秘书长莫里斯·斯特朗委托，以合作事业组织者的身份组织了由58个国家的专家组成的大型委员会，以及一个由70多人提交详细书面材料的工作组，共同完成题为《只有一个地球》的报告。这是国际合作中的一次独特尝试，为具有里程碑意义的斯德哥尔摩联合国人类环境会议提供了一份起到基调作用的非正式报告。世界上一流的专家和思想家们就人类与其所处自然环境之间的关系，例如，人口、资源、污染、工艺技术及发展不平衡等问题准确表达了他们的主张，其中许多观点被会议采纳并写入《联合国人类环境会议宣言》（简称《人类环境宣言》），该报告成为世界环境运动史上一份具有重大影响的文献。

1.1.2.3 三大环境宣言

1972年6月5日至16日，联合国在瑞典首都斯德哥尔摩召开联合国人类环境会议，会议通过了《人类环境宣言》。这是人类历史上第一个环境宣言，提出7项共识和26项基本原则，是最早宣告环境权利与保护环境义务的宣言。该宣言对国际环境法的发展和各国环境法的制定产生了一定的影响；对各国设立专门的环境保护政府机构及非政府组织起到了积极作用；强调了保护和合理利用各种自然资源与促进经济和社会发展的关系；指出了人类负有保护和改善这一代及世世代代环境的责任；提倡援助发展中国家，对发展和保护环境提出计划和规划；建议实行适当人口政策，开展关于环境问题的科学研究及技术推广；倡议摧毁核武器和其他一切大规模毁灭手段；倡导加强国家对环境的管理并开展国际合作等，提出了一系列具有开创性、启蒙性意义的内容。

1982年5月10日至18日，在肯尼亚首都内罗毕召开纪念联合国人类环境会议10周年的内罗毕会议，会议通过了《内罗毕宣言》。该宣言充分肯定了《人类环境宣言》的作用与意义，并指出了进行环境管理与评价的必要性；提出为应对环境、发展、人口与资源之间密切而复杂的相互关系，需在区域内采取一种综合的统一办法，保障环境无害化和社会经济可持续发展；建议采用市场调节与计划相结合的手段，避免人类因贫困和浪费对环境进行过度开发；反对核战争威慑和军备竞赛；反对种族歧视和殖民主义；倡议以各国间协调一致的国际行动来处理跨国界环境问题；倡导发达国家协助受环境失调影响的发展中国家处理严重的环境问题；主张通过技术革新促进环境无害化；提出采用宣传、教育及训练等方法预防破坏等构想。

1992年6月3日至14日，联合国环境与发展大会在巴西里约热内卢举行，发表《里约环境与发展宣言》。该宣言出台了27条原则以指导"可持续发展"；认识到环境保护工作是发展进程中的一个整体组成部分；主张在国际社会、国家、社会重要部门及公众之间建立一种新的、公平的全球伙伴关系；提倡努力签订尊重大家利益和维护全球环境与发展体系完整的国际协定；强调制定相关国家法律及国际法律的重要性。这次会议还通过了《21世纪议程》《关于所有类型森林的管理、保存和可持续开发的无法律约束力的全球协商一致意见权威性原则声明》《联合国气候变化框架公约》《生物多样性公约》《消费和生活方式公约》等21世纪具有战略意义的系列文件。

　　这三次里程碑式的国际会议所诞生的三大环境宣言，对加速全球各项环境保护工作启动、促使各国设立专门的政府环保机构、推动环境保护法制建设及启蒙环境科学问题理论研究与技术推广等，并为全人类共同推动生态文明建设起到了积极作用。

1.1.3　生态文明涉及的主要生态思想

　　自18世纪以来，出现了"以生命为中心"和"以人类为中心"的两种对立的自然观。"以生命为中心"的自然观，将自然看作是需要尊重和热爱的伙伴，而人类是全球生态系统的一部分，必须服从生态法则。"以人类为中心"的自然观，则把自然看作是人类索取和利用的资源，认为人类的使命在于操控、干预自然，而人对自然界的征服、索取和统治是正当和合理的。这两种对立的自然观一直交织影响着欧美国家的生态思想❶。例如，田园主义与帝国主义，前者提倡人们过一种简单和谐的生活，与其他有机体和平共存；后者提倡借助于以科学为基础的技术，人类将能够获得一种直接对自然界的统治权。浪漫主义的态度与古典科学的态度，前者注重人与自然的依存关系和东方哲学式的整体论；后者将自然视为一架可操纵的机器，认为人类社会与之截然不同且相互脱离。生态中心主义与技术中心主义，前者以整体论的视角将生态系统视为生

---

❶　戴维·佩珀. 现代环境主义导论［M］. 宋玉波，朱丹琼，译. 上海：格致出版社，上海人民出版社，2011.

命共同体，认为人类是生命共同体中的一部分，必须服从生态规律，并试图协调人类利益与环境利益；后者认为借助科学技术与经济理论，环境问题与生态矛盾是可逆转的，可以实现无限增长。自然保护论与资源保持论，前者认为人类对大自然既有需求又有责任，提倡超越功利顺应自然的资源管理方式；后者将国家经济置于自然资源之上，以功利为目的对自然资源进行"理性、高效"的保持管理等❶。

1.1.4 生态思想对几个领域产生的影响

20世纪中叶出现的生态危机论，将几乎所有的环境问题都联系为社会问题，改变了人类长期以来认为自然是人类的活动对象而独立存在的认知，试图解释危机根源并反思人类行为、人与自然关系的思想运动在各知识领域兴起。自然界出现的生态危机，其产生根源不是孤立的，而是与人类的世界观、价值观、人生观以及道德观等均有深层次的因果关系。生态思想的产生植根于它所出现的文化土壤，同时，随着生态思想的发展，也在潜移默化地影响着生物学、哲学、政治学、社会学与经济学等其他领域的传统理念。

生态思想在生物学中的影响。生物学经历了以机械论、还原论方法就生物作出生物化学、化学和物理层面的解释，到将生物作为有机体并作出生物与周围环境相互作用的解释的发展历程。随着系统科学的出现，系统论、控制论、信息论的概念及方法的引入，开启了对生物有机体以及有机体与环境作用的整体性研究，生物科学领域完成了超越机械论与还原论向有机论与整体论研究范式的转变，并由此提出了生态系统的理念，促进了生态学理论的发展。

生态思想在哲学中的影响。哲学家们将生态危机的根源归结于人类高于一切的价值观，于是有了哲学走向荒野的转向❷。20世纪60年代末，被誉为"美国新环境理论的创始人、生态伦理之父"的思想家奥尔多·利奥波德（Aldo Leopold）撰写了被誉为环境主义运动思想火炬的《沙乡年

---

❶ 唐纳德·沃斯特. 自然的经济体系：生态思想史［M］. 侯文蕙，译. 北京：商务印书馆，1999.
❷ 霍尔姆斯·罗尔斯顿Ⅲ. 哲学走向荒野［M］. 刘耳，叶平，译. 长春：吉林人民出版社，2000.

鉴》，开创性地提出"大地伦理"，认为人类只是大地共同体的普通一员，自然界的生命与非生命都有其"权利"❶。1972年，挪威哲学家阿恩·纳斯（Arne Naess）将以人类中心主义为特征的生态思想批评为"浅"生态学，认为该思想以人类为本位，将人类作为自然的唯一价值参考点，是价值、权利、责任与道义的赋予者，通过利用自然以实现人类目的。为突破浅生态学的认识局限，对环境问题寻求深层答案，他提出了"深"生态学，以非人类中心主义和整体主义的思想，赋予自然在价值创造中具有某种独立角色地位，认为绿色价值论是其唯一的道德内涵，关心整个自然界的福祉，将人类视为自然的一部分，提出人类应以最低限度介入的态度对自然进行干涉，从社会、文化和人性等层面追问环境危机的根源，主张在自然整体中重建人类文明秩序❷。因此，浅生态学对自然的隐喻是机械式的，而深生态学则是有机体，从而出现了机械论伦理学与机体论伦理学的差异。前者以二元论式的思维，认为精神与物质，社会与自然等主、客体是分离的，任何物质实体的整体等于部分之和，变化只是整体中各部分之间的重新排列，依照客观的理性法则，人类心智就能够对自然与社会加以描述、控制与调整；后者以一元论的思维，认为人类与非人类的自然是一个整体，每一事物均具有内在价值并与其他事物相互关联，整体不只是部分之和，生态系统与社会系统是开放的，并与周围环境进行能量与物质交换。

　　生态思想在政治学中的影响。为应对具有全球性的生态危机，人类将希望寄托于政治原则和政策的根本性转变，生态政治学应运而生。生态政治学经历了从增长有极限的悲观模式的政治根源追问，到形成系统化、理论化的以"人类中心主义"和"生态中心主义"生态政治理论两大范式，再到转向基于民主、公正、民权的政治学基本原则构建的三个发展阶段。以生态中心主义为理论支柱的生态政治学，首先，承认世界有机整体中的各部分具有价值的独立性和相互的平等性；其次，认为人与人、人与自然之间不存在剥削、压迫的合法性，追求社会正义的政治

❶　奥尔多·利奥波德. 沙乡年鉴［M］. 侯文蕙，译. 长春：吉林人民出版社，1997.
❷　薛晓源，李惠斌. 生态文明研究前沿报告［M］. 上海：华东师范大学出版社，2007.

价值;第三,倡导基层民主,使公民有权探索对环境和社会负责任的生活方式,并能直接参与公共决策和公共事务管理,决定自己的生态命运和社会命运;第四,提倡管理权的分散化和管理单位的基层化与简单化;第五,主张通过教育、示范性社区,改变人们的心理结构、思想意识和价值观念,重构符合生态学原则的精神力量,推动社会变革。

生态思想在社会学中的影响。人类社会先后经历了农业革命和工业革命两次显著的社会变革。两次变革中形成的不同观念、信仰、准则、价值、制度等在认知现实与界定美好社会的理念与方式上存在显著差异。工业革命带来物质繁荣的同时,也带来了心理困境、经济差异和社会断裂。在这一进程中,第三次大变革以建立稳定、可持续的社会为主导思想,促进可持续发展的行动纲领与实现计划正在形成与完善。构建可持续的社会本身就是一个动态发展的过程,其关注代际之间以及代内获得资源和分配产品的社会公正性;提出评估与重建由于不断增长的物质需求而形成的价值理想与社会制度;提出应避免简单化地以GDP评价、界定和衡量发展,建立信息量更为丰富的评价发展的综合指标体系等问题,这些问题在不同国度,在其所处的不同社会发展阶段中正在尝试解决。

生态思想在经济学中的影响。传统经济学在技术进步与替代的无限性可导出资源无限性的基本世界观指引下,将自然环境当作人类活动的对象,例如,提供生产资料及回收废弃物,提供生命、健康、精神及审美的环境服务等功能的资产蓄积等被视为功利主义,重视物质数量的增长甚于对伦理与生活质量的改善,是一种线性的发展观。而生态学认为经济发展的目的是追求人类的完善,即实现不仅限于物质性的多方面发展;人的许多需求不可能完全通过价格调节来满足;对人的行为判断,不仅遵照功利主义,而是审视其是否符合某些原则与义务;生态的可持续性是绝对必要的,所有存在物都必须从这种发展中获得相应收益等❶。

---

❶ 赫尔曼·E. 戴利,肯尼思·N. 汤森. 珍稀地球 [M]. 马杰,钟斌,朱又红,译. 北京:商务印书馆,
2001.

1.1.5 本节小结

在世界生态文明发展进程中，出现的代表性人物及具有影响力的作品，充分表达了对生命与自然的深刻体悟，以及对地球家园遭到毁坏与全球生存危机的忧患意识，提出的思想理念及其对各领域的渗透和影响，促使人类对现代生活观念进行历史性的全面反思，举行的国际会议及发表的宣言，使国际社会重新审视人与自然的关系并达成解决环境问题的系列共识，为探索解决全球生态问题提供了理论支撑并指明了实践方向（图1-1）。

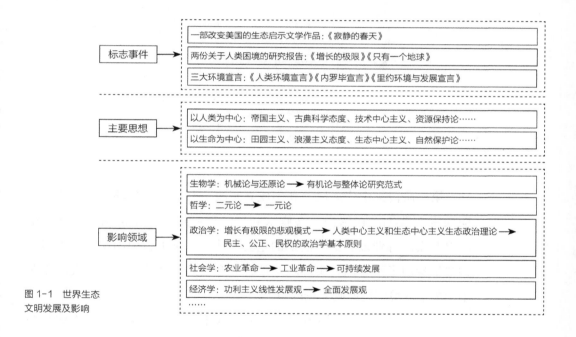

图 1-1 世界生态
文明发展及影响

1.2 生态文明在中国的发展脉络与产生的影响

1.2.1 中国生态文明建设的发展历程

自中华人民共和国成立至今，各历史时期社会主要矛盾不断发展变化，看待人与自然关系问题体现出与时俱进的特点，我国生态文明建设在经济发展与现代化建设进程中主要呈现出五个发展阶段（图1-2）。

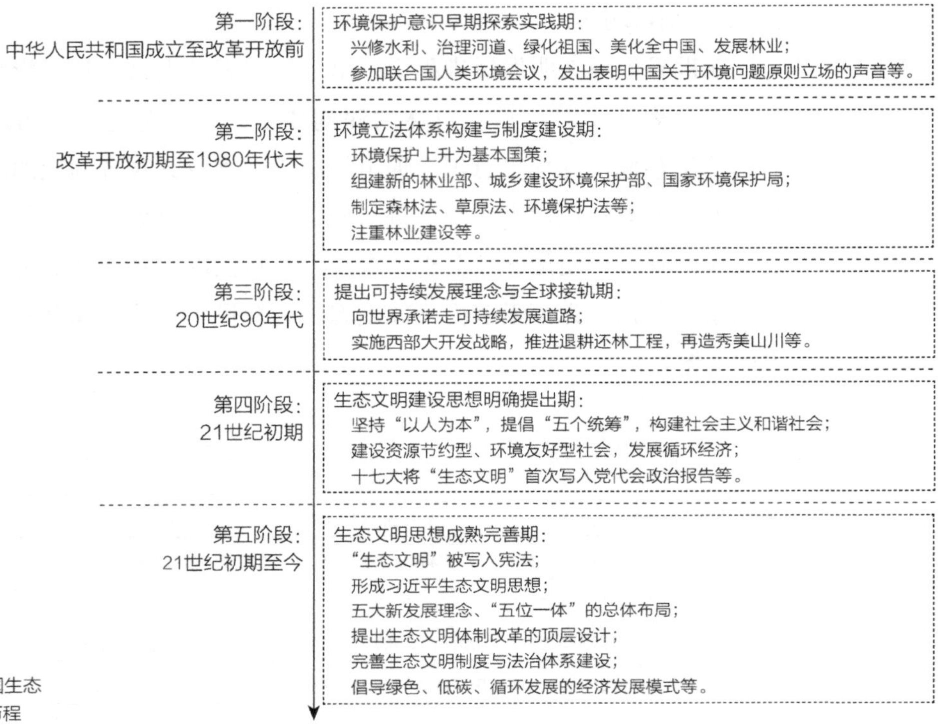

第一阶段: 中华人民共和国成立至改革开放前	环境保护意识早期探索实践期: 　兴修水利、治理河道、绿化祖国、美化全中国、发展林业; 　参加联合国人类环境会议,发出表明中国关于环境问题原则立场的声音等。
第二阶段: 改革开放初期至1980年代末	环境立法体系构建与制度建设期: 　环境保护上升为基本国策; 　组建新的林业部、城乡建设环境保护部、国家环境保护局; 　制定森林法、草原法、环境保护法等; 　注重林业建设等。
第三阶段: 20世纪90年代	提出可持续发展理念与全球接轨期: 　向世界承诺走可持续发展道路; 　实施西部大开发战略,推进退耕还林工程,再造秀美山川等。
第四阶段: 21世纪初期	生态文明建设思想明确提出期: 　坚持"以人为本",提倡"五个统筹",构建社会主义和谐社会; 　建设资源节约型、环境友好型社会,发展循环经济; 　十七大将"生态文明"首次写入党代会政治报告等。
第五阶段: 21世纪初期至今	生态文明思想成熟完善期: 　"生态文明"被写入宪法; 　形成习近平生态文明思想; 　五大新发展理念、"五位一体"的总体布局; 　提出生态文明体制改革的顶层设计; 　完善生态文明制度与法治体系建设; 　倡导绿色、低碳、循环发展的经济发展模式等。

图1-2　我国生态
文明的发展历程

　　第一阶段,中华人民共和国成立至改革开放前,是环境保护意识早期探索实践期。在国内,兴修水利、治理河道、绿化祖国、美化全中国以及发展林业成为这一时期的重要工作。国际上,中国政府代表团于1972年参加了联合国人类环境会议,并在《人类环境宣言》中发出表明中国关于环境问题原则立场的声音。

　　第二阶段,改革开放初期至1980年代末,是环境立法体系构建与制度建设期。该阶段环境保护上升为我国的一项基本国策,注重组织机构、立法体系及制度体系建设。组织机构建立方面,组建了新的林业部、城乡建设环境保护部、国家环境保护局;立法上,制定了《森林法》《草原法》《环境保护法》等一批重要法律;实践上更加注重林业建设并提出植树造林、绿化祖国、造福后代的号召。

　　第三阶段,20世纪90年代,是经济全球化背景下提出可持续发展理念与全球接轨期。在1992年联合国环境与发展大会上,我国向世界庄严承诺坚持走"可持续发展道路",即坚定不移地走"生产发展、生活富裕和生态良好"的文明发展之路。国内实践上,实施西部大开发战略,加快推进退耕还林工程,提出再造秀美山川的构想。

第四阶段,21世纪初期,是生态文明建设思想明确提出期。该阶段在理念上,提出坚持"以人为本";提倡"五个统筹"的协调发展;以人与自然和谐的可持续发展观,促进经济、社会和人的全面发展,构建"社会主义和谐社会"。在实践上,以建设"资源节约型、环境友好型社会"作为建设生态文明的重要途径;提出加快转变经济增长方式,发展循环经济;加大环境保护力度,保护好自然生态等。党的十六大正式将"可持续发展能力不断增强"作为全面建设小康社会的重要目标之一,十七大将"生态文明"首次写入党代会政治报告。

第五阶段,21世纪初期至今,是生态文明思想成熟完善期。"生态文明"被写入宪法,该阶段形成了习近平生态文明思想,在发展理念上,提出"创新、协调、绿色、开放、共享"五大新发展理念,将生态文明纳入"五位一体"的总体布局;制度建设上,提出关于生态文明体制改革的顶层设计,完善了生态文明制度体系与法治体系建设;发展方式上,倡导绿色、低碳、循环发展的经济发展模式❶。

1.2.2　中国生态文明的主导思想

我国生态文明主导思想的逐步形成,主要经历了三个方面的演变过程:一是从"只讲索取不讲投入,只讲发展不讲保护,只讲利用不讲修复"到"人与自然和谐相处";二是从"协调发展"到"可持续发展";三是从"科学发展观"到"新发展理念"和"绿色发展"❷。在经济社会发展和实践中,提出从精神、物质"两个文明"到经济、政治、文化、社会、生态文明"五位一体"的理论演变与开展的实践创新,带来了生产方式、生活方式、思维方式和价值观念等发展理念与方式的深刻转变,其间,最具影响力的思想、观念如下。

---

❶　黄承梁. 中国共产党领导新中国70年生态文明建设历程［J］. 党的文献, 2019, 5:49-56.
❷　同上。

可持续发展战略。在生态问题区域化、全球化背景下，如何解决全球性的生态危机，成为世界各国共同关注的主题。世界各国普遍意识到，发展并不只是单纯地追求经济数量、速度的增长，必须转而走上可持续发展之路。该发展理念是将发展经济、保护资源和修复生态环境协调一致，关注各种经济活动的生态合理性，以满足当代人的各种需要，并且不对后代的生存与发展构成威胁。在此时代背景下，我国将"可持续发展战略"作为现代化建设中必须实施的重大战略，将坚持保护环境作为一项长期的基本国策，探索出一条可持续能力不断增强、生态环境得到改善、资源利用效率显著提高，最终实现生产发展、生活富裕、生态良好的文明发展道路。

科学发展观。在新世纪新阶段，我国取得发展成就的同时，长期形成的结构性矛盾和粗放型增长方式，以及影响发展的体制机制障碍依然存在，其中，资源环境问题成为经济社会发展的瓶颈。在此社会发展背景下提出了科学发展观，该理念强调坚持以人为本；提出以全面、协调、可持续的发展观念，促进经济、社会和人的全面发展；倡导牢固树立以人为本、节约资源和保护环境的观念；坚持加快转变经济增长方式，建立资源友好型、环境友好型社会，实现可持续发展；统筹人与自然和谐发展，构建人与自然和谐的和谐社会。

习近平生态文明思想。为应对国内资源约束趋紧、环境污染严重以及生态系统退化的严峻形势，以习近平同志为核心的党中央，提出了一系列关于生态文明的新理念、新思想、新战略，从而形成了习近平生态文明思想。该思想深刻阐述了人与自然的关系："人类是命运共同体，保护生态环境是全球面临的共同挑战和共同责任"；经济发展与生态环境保护的关系："绿水青山就是金山银山"；生态环境与民生福祉的关系：保护生态环境以满足人民日益增长的优美生态环境需要；自然要素与生态系统的关系："山水林田湖草是一个生命共同体"，需以系统工程的整体性视角，站在全局的高度，探索新的治理之道；保护生态环境与严格制度严密法治的关系：通过严密法治保障生态文明各项制度的刚性和权威；生态文明建设与人类未来、绿色家园的关系：中国已成为全球生态文明建设的重要参与者、贡献者、引领者，需要世界各国共同努力，共谋全球生态文明建设等。习近平生态文明思想对为什么建设、建设什么样的、怎么建设生态文明的重大理论及实践问题做出了深刻回答❶（图1-3）。

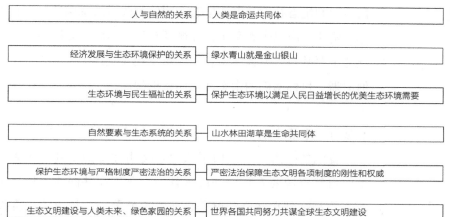

图1-3　习近平生态文明思想中的几组关系

1.2.3　中国生态文明的体系构建

在改革开放40年历程与经济快速增长的进程中，我国生态问题逐渐显现。我国在这40年里基本完成了发达国家上百年的城镇化、工业化、全球化进程，与此同时，生态环境问题也在这一时期呈复合、压缩、累积的特点集中爆发。这一时期也成为生态文明建设压力叠加、负重前行的关键期，为满足人民日益增长的优美生态环境需要和提供优质生态产品及服务的攻坚期，以及解决生态环境突出问题的窗口期❷。为解决这一历史交汇期的生态环境问题，习近平总书记在全国生态环境保护大会上强调，构建生态文明体系涉及文化、经济、责任、制度与安全等各个方面及全过程。一是生态文化体系构建，应以"人与自然和谐"的生态价值观念为准则；二是生态经济体系构建，应以"产业生态化"与"生态产业化"为主体，产业生态化是在自然系统承载能力之内，协调自然、社会与经济实现可持

---

❶ 习近平. 推动我国生态文明建设迈上新台阶［J］. 求是，2019，3：4-9.

❷ 同上。

续发展，生态产业化是按照社会化生产与市场化经营的方式提供生态服务与生态公共产品；三是目标责任体系构建，应以改善生态环境质量为核心目标，对责任主体明确权责并实施问责；四是生态文明制度体系构建，应以治理体系和治理能力的现代化为保障，包括建立、完善自然资源资产产权制度、国土空间开发保护制度、资源总量管理和全面节约制度、资源有偿使用和生态补偿制度等生态文明体制改革的基础性制度；五是生态安全体系构建，应以生态系统良性循环和环境风险有效防控为重点，是国家安全的重要基石。五大体系各有侧重又相互支撑，共同构成了体系完善、价值清晰、目标明确的生态文明体系框架。

1.2.4　本节小结

我国的生态文明经历了从生态文明理念提出到写入宪法，从保护单个的自然资源要素到关注山水林田湖草生命共同体，从自然资源与生产资本的割裂到自然资源就是自然资本的统一，从单项制度设立到全面体系构建等发展过程，为国家公园体制建设以及建立以国家公园为主体的自然保护地体系提供了理念支撑与制度保障。

1.3　生态文明理念对建立和发展国家公园的启示

生态文明是对工业文明进行深刻反思之后形成的一种新的文明形态，是人类正确认识、处理人类社会与自然生态系统的关系，以建立人与自然和谐共存体系的新理念与新方式。生态文明具有有别于物质文明、精神文明、政治文明的独立性与相对性；突破人类中心主义，将人置于整个自然系统的整体性与系统性；为应对工业文明产生的生态危机及人类社会进步发展的反思性与过程性，是迄今为止人类社会最高的文明形态。以生态文明对各领域提出的新要求，衍生出的生态现代化、生态伦理、生态经济、生态治理等理念，为探索我国的国家公园治理模式，提供了有益的启示与经验的借鉴。

1.3.1　生态现代化对建设国家公园的启示

生态现代化在世界现代化进程中，是现代化的一个重要组成部分，是一次生态革命，是在经历了充满悲观气息的"生存危机论"以及提出"可持续发展"这一较为完整的绿色经济发展理论后，形成的环境意识形态。生态现代化提出通过环境保护与经济增长目标的政策一体化可以实现环境与经济的共赢；通过制定严厉的环境标准和政策促使技术更新和提高竞争力；通过国家或其他政府部门的调控干预，使用税收、生态商标、排放交易计划等以市场为基础的经济性工具来纠正市场失灵，并创造一个使经济发展与环境保护良性互动的框架等理论要点。生态现代化理论将环境保护与工商业发展之间的对抗扭转为一种共识与合作，在不对现行经济社会活动方式与组织结构作出大规模或深层次重建的前提下，通过改良促使环境保护成为工商业提升竞争力与创造利润的因素，使工商界成为促进环保事业的积极角色。

在生态现代化的环境意识指引下，建立国家公园，在处理政府与市场，经济、社会与生态效益，提供非生态产品与生态产品的关系问题上，首先，需要以政府对环境的公共监管政策矫正市场在追求内部经济性导致的外部非经济性，即应对公共环境破坏；其次，在"社会、经济、生态相统一"的目标下，需树立生态环境的可持续性是实现社会经济发展可持续性的物质基础与前提的意识；再者，生产符合环境标准的高价值、高质量的产品是经济全球化与区域一体化背景下经济竞争力的体现，以此高标准、全局性、长远地确立以国家公园为主体的自然保护地体系的战略定位。

1.3.2　生态伦理对建设国家公园的启示

生态伦理是生态文明的一系列道德规范，其内容是人类在进行与自然生态有关活动中形成的人类处理自身与生态环境的伦理关系及调节原则，其目标是追求人类广义生态自我的实现以及共生现象、多样性的最大化。生态伦理超越传统意义上的仅以协调人际关系为主，存在于人的常识与信念之中的自觉、自省式伦理，以社会价值优先于个人价值为导向制定出具有强制性的生态政策，将道德的范围扩展到生态系统、国家之间、地区之间、代际之间，以其强制性应对生态保护问题的复杂性与紧迫性。避免以人的局部利益与近期利益为尺度看待人与人、人与自然的关系，人具有合理利用自然资源权利的同时，具有有效保护生态环境的责任。

在生态伦理的意识之下，国家公园建设需要站在当代之于人类社会发展进程，国家之于全球的角度，不以实现一部分人的发展损害另一部分人的利益，实现横向上的区际间的"代内平等"；也不以当代人的利益损害后代人的需求，实现纵向上的"代际平等"；更不以当代人与后世子孙享有生存环境不受污染与破坏为唯一道德行为标准，而是有责任维护地球上所有生物物种享有栖息地不受污染、破坏及维持生存的权利。以此理念使国家公园等自然保护地成为体现当代人与后代人、人与地球生命，共同、平等享有生存权利的空间载体。

1.3.3　生态经济对建设国家公园的启示

生态经济是生态文明的经济发展模式，其实现路径是运用生态经济学原理和系统工程的方法以改变生产和消费方式，目标是在生态系统承载能力范围内，挖掘资源潜力，发展兼顾经济发展与生态高效的产业，实现自然生态与社会经济的高度统一与可持续性。生态经济在人地关系认知方面，基于过程哲学的思维，将自然视为一个生命过程和有机联系的生物圈系统，而人本质上是这一共同体之中的人。资源利用方面，生态经济认为经济系统是自然生态系统的子系统，追求时间、空间维度上的持续性，主动采用财富转移的政策，维护后代人对自然资源的享有权与均等的生存权，采用生态经济区划进行差别化的生态经济管理，以便根据区域差异发挥其不同的生态功能，实现生态经济最佳效益，强调服务于共同体的共同福祉的经济发展质量，避免"公地悲剧"。保障效率方面，生态经济主张通过优化资源配置、促进技术进步，降低单位产出的资源消耗，减少环境资源代价，提高资源产出效率并增强对社会经济的支撑能力，实现资源利用的低能耗与高效绿色循环。经济评价方面，生态经济主张建立资源开发与保护的各项指标体系与评价标准，对自然资源进行随社会发展的动态经济评价，关注与生态环境承载力相适应的适度经济规模，以及财富在社会上的公平分配。经济预测方面，生态经济主张对系统环境、系统结构、效益与损失进行全面预测，针对主要因素变化方向、速度及组合方式对系统的影响大小进行说明，减少生态经济系统管理的盲目性。

在生态经济的发展理念之下，国家公园建设需要将其与实现生产功能、生活功能为主的国土空间区域差异化对待，树立生态空间保护优先的理念。以此理念对自然资源建立起直接经济价值之外的生态价值、景观价值、存在价值、游憩价值、遗产价值等合理的综合价值评估指标体系，设计出符合这一生态空间价值体系的资源利用模式，开发出生态产品及服务，形成可持续的生态产业，使之真正成为可持续发展的社会—经济—自然复合系统。

1.3.4　生态治理对建设国家公园的启示

生态治理是生态文明的管理模式，其目标是实现人与自然的和谐相处，关键是要处理好环境保护与人类发展的关系。生态治理模式随着治理理论的发展而逐渐演变：从消极被动的先污染后治理转变为贯穿于管理全过程、覆盖全方位以预防为主的治理；从分区域治理、分部门治理转向尊重自然规律，将治理对象自然生态当作一个整体、系统来治理，治理主体需相互协调成立统一的管理机构，治理机制遵循平衡与补偿原则，体现治理的公平性；从单一的政府对环境保护实施管制到企业、非政府组织及社会公民形成合作、协商、伙伴联盟等多元主体良性互动的治理模式。

在生态治理不断更新的理念之下，国家公园建设要更好实现保护自然资源与协调人地关系的功能，在管理时效上应体现防治为主的超前性、预见性与全过程治理；在管理范围方面需超越"画地为牢，分区而治"违背生态系统规律的治理模式，探索跨行政区划，多地协同治理的路径；在管理主体方面应体现出单一政府管制与多元主体互动相结合的特点，实现共同治理；在管理公平性上需体现出生态保护是共同的责任，以及建立生态补偿机制以实现区际、代内公平等。

1.3.5 本节小结

国家公园是生态文明建设重要的物质空间载体，随着生态文明所涉及的生态思想的发展，对生物学、哲学、政治学、经济学与社会学等领域的传统理念产生了深刻影响，衍生出的生态现代化、生态伦理、生态经济、生态治理等新思想，为探索具有中国本土特色的国家公园治理模式提供了多视角的有益启示。

1.4　本章小结

在工业文明走向生态文明的进程中，人、自然、社会的关系得到重新审视，生态文明的理念在思想先驱们穿越时代的作品中熠熠生辉，国际社会在不同阶段和领域发挥着积极的推动作用。我国的生态文明历经了几个发展阶段，其主旨思想贯穿于经济、政治、社会、文化的建设之中。在此背景下，这些新的思想理念与实践经验为我国国家公园的建设提供了理论基础与制度框架，为探寻国家公园的中国特色指明了方向。

2 国家公园的中国特色

2.1 国家公园的多国定义与核心理念

2.1.1 国家公园的诞生及美国定义

2.1.1.1 国家公园诞生的历史背景

1776年，《独立宣言》的发表，标志着美国独立，《1787宪法》于1787年制定，1789年批准生效，奠定了美国的政体。由于国家历史短暂，19世纪的美国知识分子发现自己的国家缺乏像欧洲那样的历史遗迹、巍巍学府和自然科学、文学艺术成就，连自由民主的政治思想传统也来源于欧洲。这种民族成就的缺失促使其寻找本民族的文化身份象征，所幸的是，他们在国土之上自然荒野之中，找到了风景，并将其作为本国民族历史的重要载体。不管是17世纪初西进运动进程中移民始祖对边疆的开拓和荒野的征服，还是19世纪后期工业化和城市化背景下人们渴望逃离当下社会生活方式对荒野的回归，荒野都成为特定时代生活方式、民族精神的见证。将荒野视为民族历史文化的一部分，并将其作为国家遗产和民族特性的象征，这种文化民族主义成为早期国家公园建立的内在驱动力。

19世纪中后期，美国正处于历史发展的新阶段，从1860年工业总产值不到英国的二分之一，到1890年几乎占到世界总产值的三分之一，位居世界之首。一方面是经济的快速增长，另一方面是自然资源的巨大浪费，生态环境的严重破坏，印第安人人口的急剧减少，城市管理的严重滞后等一系列问题的产生。在一些崇尚效率的知识分子的推动下，一种新的资源保护观开始出现，与提倡明智利用和科学管理的进步运动结合，成为资源保护的主流思想。此时，美国尚有大量未开发的土地，且有土地公有和为公共利益服务的传统，其经济的发展和国力的增强，既建立在对资源的无序开发利用之上，又为保护这些"无用的"荒野提供

19

了有力的财力支撑,而这些因素都为国家公园的诞生奠定了基础❶。

2.1.1.2 国家公园诞生的思想渊源

19世纪,受西欧浪漫主义思想的影响,在经历了新世界中的荒野让位于文明的历史阶段之后,美国人对自然的态度由恐惧、征服转变为崇尚和赞颂。19世纪末,随着荒野的逐渐消逝,保护主义取代了浪漫主义。荒野保护的哲学基础是兴起于19世纪新英格兰特有的一种哲学思潮——超验主义,对形成独立的美国精神与文化影响深远。该思潮的代表人物是拉尔夫·沃尔多·爱默生(Ralph Waldo Emerson),于1836年出版了《论自然》。他所在的康科德,也因此成为美国超验主义思想的中心。超验主义的核心观点是主张人能超越感觉和理性而直接认识真理,强调精神,崇尚直觉与感受,强调个人的重要性,以全新的眼光审视自然,爱默生提出了"自然是精神之象征"的超验主义自然观。如果说爱默生是自然的守望者,他的学生亨利·梭罗(Henry David Thoreau)便是将理论付诸实践的践行者。亨利·梭罗认为直观的自然经历可以产生完完全全的智慧,并进一步预见了工业文明与自然之间的矛盾,投身荒野的激情使其在瓦尔登湖畔度过了两年多的木屋生活,并完成了在美国引起重大影响的著作《瓦尔登湖》。"在荒野中保留着一个世界"反映了他的生态观,其关于荒野与文明的思想,为日后荒野保护和国家公园运动产生了思想启蒙的作用。对美国荒野保护起到决定性推动作用的是被誉为国家公园之父的约翰·缪尔(John Muir),他的自然观发展成为具有重要社会意义的自然保护主义,他的国家公园思想强调保护生态的完整性,并提倡一种超功利的保护观,例如,其对自然的经济价值之外的美学价值的认知,较之当时单纯地以保护奇特景观不被破坏的黄石公园的建立初衷,缪尔的国家公园思想包含了更深层次的含义❷。

2.1.1.3 国家公园诞生的综合推动动力

19世纪早期,美国人的边疆生活和荒野风景为一批美国作家提供了独有文化体验的环境和灵感汲取的源泉,以荒野为主题或背景的诗歌、

---

❶ 吴保光. 美国国家公园体系的起源及其形成[D]. 厦门大学,2009.
❷ 同上。

小说开始产生。被誉为"美国文学之父"的华盛顿·欧文（Washington Irving），描绘了哈德逊河谷的景色。威廉·卡伦·布莱恩特（William Cullen Bryant）是第一个将创作主题转向荒野的美国早期自然主义诗人。詹姆斯·费尼莫尔·库柏（James Fenimore Cooper）首次在小说创作中引入边疆题材，其作品《开拓者》描述了美国大陆早期开发边疆生活的全貌。他们抓住了荒野在美学、道德、宗教上的意义，通过有影响力的文字对西部风景和生活进行再现，所表达的内容及作品本身也成为美国文化的一部分。

国家公园的最初构想来源于美国画家乔治·卡特琳（George Catlin）。卡特琳作为专画印第安人的著名画家，于1829年开始了一系列的西部旅行，发现印第安文明受到了极大的冲击，他提议："为了后世的美国高尚公民，以及整个世界的视野，这会是多么值得美国保护与维持的美景与令人激动的范本啊！一个'国家公园'，包含了人与野兽，以及美景的原始面貌"。他的这一思想虽然在当时影响范围极小，但是首次提出了"国家公园"的概念。19世纪五六十年代，以落基山为创作对象而得名的"落基山画派"兴起，美国西部特别是约塞米蒂地区因其作品的知名度而迅速扩大了影响力，成为东部人向往的地方。随后，一些摄影家也来到约塞米蒂进行艺术创作。这些可视性的艺术作品暗示了美景即将面临毁灭，促使人们对西部自然景观进行保护。1864年，出于对约塞米蒂山谷和赛拉山地区古树的保护，在著名的园林设计师弗雷德里克·劳·奥姆斯特德（Frederick Law Olmsted）的推动下，林肯总统签署法案，建立约塞米蒂公园，联邦政府把该公园赠予加利福尼亚政府，并成为州立公园。虽然其建立初衷和管理理念与当代国家公园并不完全一致，也不被称作"国家公园"，但将自然景观视为自然遗产加以保护，避免私人占有和开发，并为公众提供休闲娱乐服务的功能与后来的国家公园相似。

美国东部的探险家和专家学者，对黄石国家公园的创建起到了重要作用。1866年，探险家吉姆·布里杰（Jim Bridge）就曾在黄石探险，返回东部后撰写的探险故事在东部畅销。1869年，查尔斯·库克（Charles

Cook）随后组建了新的探险队，再次进入黄石地区探险。1870年，测量师亨利·瓦什伯恩（Henry Washburn）率领了一支由记者、律师等知识分子组成的探险队前往黄石，开展更大范围的探险活动并做了大量记录。从他们的探险日记中，可以看到当年队员们对黄石地区未来规划展开的讨论："在今天凌晨，我们在宿营地进行了一个不同寻常的讨论。有队员主张把探得的土地分成几块归个人所有。但是有人不同意这么做，队员刘易斯·赫奇斯说，他不同意这个计划，这块土地任何部分都不应该有私有权，整个地区将建成一个伟大的国家公园，我们每个人都应该努力去完成这个任务"。这一创见性的提议获得了大部分队员的赞同。这些探险队员们发表了大量关于黄石地区风景的文章及系列演讲，在议会议员和学者中产生了较大影响。1871年，在美国国会的支持下，由美国地质学家费迪南德·海登（Ferdinand Hayden）率领由昆虫学家、地质学家、动物学家、矿物学家、气象学家等专业人员及画家、摄影师等艺术家组成的考察队，对黄石展开了更为全面的官方性质的科学考察，对促使建立黄石国家公园起了关键性作用。

美国在荒野中的独特历史经历，使荒野在美国文化中有着独特的文化内涵。亨利·梭罗认为，不仅美国风景而且美国人的性格都得益于荒野。从开拓荒野成就美国经济的发展和文化身份的塑造，到认同荒野并将其作为美国道德和美学的养料进行欣赏，再到对荒野日渐消逝的感伤，保护荒野的想法油然而生，这种文化民族主义促成了国家公园的诞生。19世纪初期以来，随着美国经济的发展、国力的增强以及对特有民族精神的追求，以思想家、文学家、艺术家、探险家以及专业人员为代表的美国东部知识分子对西部大开发所造成的西部原始自然环境资源破坏进行了反思，同时，铁路公司发现了将西部景观作为旅游资源的潜在价值。在美国社会发展变革期，保护自然的理想主义者与强调旅游开发的实用主义者，虽然看待自然资源的观点不同，但在他们联手敦促国会保护西部奇特景观的一致努力之下，成功促使国会于1872年通过立法建立黄石公园，美国也因此成为世界上首个建立国家公园的国家。该公园的建立标志着美国国家公园体系建设的开端，使国家公园从思想理念的萌发走向实践之路。19世纪末，在自然保护主义者和资源保护主义者的共同努力下，在人们保护荒野的呼声中一大批国家公园相继建立。1906年，国会通过了《古迹法》，联邦政府开始依法大量而有效地保护史前和历史遗迹。1916年，国家公园管理局成立，标准着美国国家公园体系开始建立❶。

2.1.1.4　国家公园的美国定义

在美国，人们一直致力于保护自然资源、历史遗迹以及提供更多机会满足户外游憩需求。为适应历史的进步，人们对自然新的认知及游憩方式的转变，国家公园体系也在不断发展完善。1916年，《国家公园管理局组织法》规定国家公园设立的使命是："保护自然景观、野生动植物和历史遗迹，为人们提供休闲享受，同时不能破坏这些场地，将之流传给后代"。国家公园概念有广义和狭义之分，广义的国家公园即"国家公园体系"，1970年，美国颁布实施的《国家公园事业许可经营租约决议法案》，将国家公园体系定义为"不管现在还是未来，由内政部长通过国家公园管理局管理的以建设公园、文物古迹、历史地、观光大道、游憩区等为目的的所有陆地和水域"，表明了该体系的管理部门及保护对象的类型。这一体系主要分为以自然保护、历史遗迹保护及提供游憩服务为主的三大类型，其成员的命名也随之呈现出多样化的特点，例如，国家公园、国家古迹地、国家保护区、国家历史地、国家历史公园、国家纪念物、国家墓地、国家游憩区、国家海岸等。狭义的国家公园则是指"面积较大的自然区域，自然资源丰富，有些也包括历史遗迹，其内禁止狩猎、采矿和其他资源耗费型活动"❷，较之国家公园体系中的其他类型，国家公园更侧重于对自然资源的保护以及对人类活动的限制。

2.1.2　国家公园的理念传播及各国定义

国家公园作为美国文化的载体，也影响着其他国家和民族对待本国自然文化遗产的态度和方式，同时，作为以可持续发展为理念，对自然

---

❶　吴保光. 美国国家公园体系的起源及其形成［D］. 厦门大学，2009.
❷　杨锐. 美国国家公园体系的发展历程及其经验教训［J］. 中国园林，2001，1：62-64.

资源既严格保护又合理利用的自然保护地类型，在全球得到普遍认同与
蓬勃发展。黄石公园建立之后，加拿大、荷兰、英国、日本、新西兰等
国家相继建立了具有本国特色的国家公园。在全球，国家公园的理念传
播及建设实践经历了以下几个阶段：第一阶段（19世纪70~90年代），
主要在与美国具有相同语系、相似文化价值观，且拥有大量移民的"移
民定居型"国家推广建立，例如，澳大利亚、加拿大和新西兰，这些国
家效仿黄石公园的荒野形象，建立了一系列与之风貌相似的国家公园，
同时，澳大利亚为保障悉尼工薪阶层的健康，在城市周边的市郊建立了
"城市绿肺"型国家公园，突破国家公园传统的山岳景观形象，以澳大利
亚本土国家公园的特有姿态，丰富了国家公园的形式。第二阶段（20世
纪早期至第二次世界大战时期），这一时期新增的国家公园一些分布在
欧洲综合实力较弱的国家，这些国家建立国家公园带有宣示国家领土主
权的初衷。另一些分布在主要大国的亚非殖民地，例如，英、法等大国
选择在各自的殖民地结合当地地域文化资源特色进行国家公园建设的尝
试性实验，法国以保护考古遗址的理念在柬埔寨设立吴哥国家公园等。
此外，当时民族意识不断膨胀的日本将国家公园保护对象拓展到具有自
然、文化和宗教价值的典型景观，根据人多地少的国情，突破了国家公
园土地属性公有的局限，在园内保留了部分土地的私有属性……这些新
的尝试与突破为国家公园的发展带来了融入当地特色及多样的实践经
验。第三阶段（第二次世界大战后至20世纪60年代），随着国家公园的发
展演变，土地权属上允许国家公园保留土地的私有属性，园址选择上一
反常规，在靠近城市中心设立国家公园的理念突破，促成了英国于1951
年在本土设立第一批国家公园，进而促使与建立黄石国家公园的美国，
有着截然不同的地理风貌特征、文化审美情趣、快速城市化发展以及存
在公共土地资源短缺等系列现实问题的欧洲主要大国在本土设立国家公
园。第四阶段（20世纪60年代至今），1960年，世界自然保护联盟（以下
简称IUCN）国家公园和保护区委员会（后更名为世界保护区委员会，即
WCPA）成立，这一国际机构一直致力于推动全球国家公园运动的规范化

发展，并鼓励各国探索建立符合自身国情的国家公园和保护地体系❶。

　　这些建立国家公园的国家赋予了国家公园符合本国国情及当地特色的定义。例如，澳大利亚将国家公园表述为："通常是指被保护起来的大面积陆地区域，这些区域的景观尚未被破坏，且拥有数量可观、多样化的本土物种。在这些区域，人类的活动受到严密监控，诸如农耕之类的商业活动则是被禁止的"，说明了国家公园的准入条件以及对人类活动的限制要求。加拿大将国家公园定义为："全体加拿大人世代获得享受、接受教育，进行游憩和欣赏的地方，国家公园应得到精心的保护和利用，并完好无损地留给后代享用"，说明了国家公园的多重功能并应体现出代际公平。新西兰对国家公园的定义："国家为了保护一个或多个典型生态系统的完整性，为生态旅游、科学研究和环境教育提供场所，而划定的需要特殊保护、管理和利用的自然区域"，该定义表明了国家公园的保护对象及多重功能。英国将国家公园表述为："有着优美的自然景观、丰富野生动植物资源和厚重历史文化的保护区。居住或工作在国家公园的人以及农场、村镇连同其所在地的自然景观和野生动植物一起被保护起来。国家公园对游客的开放性为每个人提供了体验、享受和学习不同国家公园特有资源的机会"，提出了国家公园的保护对象类型、服务群体及整体性的保护策略。日本的《自然公园法》将国家公园定义为："国立公园，风景优美的地方和重要的生态系统，值得作为日本国家级风景名胜区和优秀的生态系统"❷，明确了国家公园的管理归属、保护对象及保护等级。上述各国均基于本国国情针对国家公园提出了不同定义，总体来看，对国家公园的保护对象类型及价值、管理归属、综合功能等提出了明确的要求。

2.1.3　国家公园的国际统一定义及核心理念

　　国家公园在全球范围内快速发展的过程中，为促使国家公园在全球的建设与发展的规范化，IUCN自1962年开始，根据各国多年的探索实

❶　朱里莹，徐姗，兰思仁. 国家公园理念的全球扩展与演化［J］. 中国园林，2016，7：36-40.
❷　唐芳林. 国家公园定义探讨［J］. 林业建设，2015，5：19-24.

践，对全球有代表性的陆地与海洋自然资源进行国际性的统一命名与分类。该联盟秘书长在第一次国家公园大会上，对自然保护地的分类及国家公园的概念进行了推广，当时提出的国家公园概念中已经包含现代国家公园的多项基本要素。1969年，于印度新德里召开IUCN大会，会上权威认定了国家公园定义："国家公园是一片比较广大的区域：它有一个或多个生态系统，通常没有或很少受到人类占据及开发的影响，这里的物种具有科学的、教育的或游憩的特定作用，或者这里存在着具有高度美学价值的自然景观；在这里，国家最高管理机构一旦有可能，就采取措施，在整个范围内组织或取缔人类的占据和开发并切实尊重这里的生态、地貌或美学实体，以此证明国家公园的设立；到此观光须以游憩、教育及文化陶冶为目的，并得到批准"，该定义得到全球学术组织的普遍认同。1978年，IUCN公布了《保护区的分类、目标和标准》，对保护区进行了更为系统的分类，并沿用了1969年国家公园的定义。1994年，在布宜诺斯艾利斯举行的世界自然保护大会上，提出了现行的"IUCN自然保护地分类体系"，并出版了《IUCN自然保护地管理分类应用指南》（后简称《指南》），分别于2008、2013年补充了新的内容并再版。该《指南》提出了自然保护地的6种类型，其中，国家公园属于第Ⅱ类。1994年版《指南》将国家公园定义为："主要用于生态系统保护及游憩活动的天然陆地或海洋；为当代和子孙后代保护一个或者多个生态系统的生态完整性；排除任何形式的有损于该保护地管理目的的开发和占用行为；在保证环境与文化相协调的基础上为人们提供一个精神、科学、教育、游憩和游览机会的基地"。2013年新修订的《指南》将国家公园进一步表述为："是指大面积的自然或接近自然的区域，用以保护大尺度生态过程以及这一区域的物种和生态系统特征，同时提供与其环境和文化相容的精神享受、科学、教育、娱乐和参观的机会"。因此，从该国际环境保护机构对国家公园类型界定中可以看出，国家公园具有生态保护首要功能，并能提供公益性服务及世代传承性等核心理念。

2.2　中国国家公园的物质空间载体发展与变迁

2.2.1　中国国家公园的历史雏形

中国自古就有"道法自然""天人合一"等观念，体现着人与自然关系的最高理想和行为准则。在不同的历史时期，先后出现过不同尺度地体现这一理念的地域空间，其中，皇家园林与寺观园林是最具有发展成为国家公园潜质的两类在自然环境中融合风景名胜的园林空间。

2.2.1.1　皇家园林的发展脉络及特点

皇家园林在先秦、两汉时期，受天人合一、君子比德、神仙思想的影响，其宫苑布局体现法天象、仿仙境、通神明的目的，其功能从早先的狩猎、通神、求仙、生产转变为后期的游憩、观赏，这一时期出现的上林苑就兼具皇家庄园和猎场的性质。魏晋南北朝时期，寄情山水的风尚及以自然美为核心的理念，开始了源于自然而又高于自然的探索，体现人工构建与自然山水的融合，其狩猎、求仙、通神的功能逐渐消失或仅保留其象征意义，游赏成为其主导功能。隋唐时期，由于经济、文化的繁荣，皇家园林在规模、布局上均体现出皇家气派，并富于诗画情趣，出现了华清宫、九成宫这样的代表作品。许多离宫、行宫所在地至今仍保留其游赏价值甚至演变为著名的风景名胜区。宋代造园规模与气魄不及隋唐，但规划设计更加精致，且皇家气韵较弱，更接近于民间私家园林。元、明、清初，采用写意手法追求意境的含蕴，政治上一定程度的开明性和文化政策上的宽容性，使得皇家园林吸收了民间私家园林的造园技艺，将江南民间园林的意趣、皇家气派及大自然生态环境融为一体。清中叶至1840年，皇家园林的规模空前，造园技艺也达到了很高水准，南北园林技艺交融，中西园林思想交流，自然气氛受到削弱，园林从单一的陶冶性情的游憩功能逐渐拓展出多重功能，例如，康熙四十二年以巩固北部边防、训练军队为初衷建立的木兰围场，经历康熙、雍正、乾隆三代帝王，在木兰围场与北京之间相继建立起包括承德避暑山庄在内的21座行宫，成为帝王夏天避暑和处理政务的场所。清末（1840～1911年）由于战乱和财力不足，皇家园林以修复为主，造园技艺从巅峰跌入低谷。

民国时期（1911～1948年），在孙中山三民主义思想的影响下，许多皇家园林先后开放，体现出公众性、平民性及开放性的意识❶。

在历代的皇家园林中，现存且最具代表性的为始建于1703年，历经清康熙、雍正、乾隆三朝，历时89年建成的承德避暑山庄，享有"中国地理地形之缩影"与"中国古典园林之最高范例"的盛誉，总占地564hm²。范围包括位于山庄西北部面积443.5hm²的山峦区，东北部面积为60.7hm²的平原区，东南部面积为49.6hm²的湖泊区及南部面积为10.2hm²的宫殿区，整个山庄东南多水、西北多山，是中国自然地貌的缩影。山庄依据地形进行选址及总体设计，其平原区的西部为草原风光，是皇帝举行赛马活动的场地，东部古树参天具有大兴安岭森林景象；其山峦区内有摹拟名山古刹的内八庙中的七所寺庙，山庄外则有融合藏、蒙、维、汉民族建筑艺术的外八庙与之呼应，象征民族团结；其湖泊区为江南风光，以中国传统造园手法摹拟仙境布局；其宫殿区融合自然与人文景观，荟萃南方与北方建筑艺术精华营造宫殿。其依山就势保留自然山水本色、融合江南塞北风光的营造理念及手法，将自然风景融入园林景观，自然美与人工美相结合，体现出对自然的敬畏、国力的彰显、文化的融合及皇家的气度，具有国家代表性。

从皇家园林的发展历程可以看出：造园理念上，始终贯穿着敬畏自然、师法自然的中国传统环境观；使用功能上，既有求仙通神、陶冶性情等精神层面的追求，又具备狩猎生产、观赏游览、处理政务及巩固边防等实用性功能；代际传承方面，会随着朝代的更替，兴衰起伏；开放程度上，民国时期开始对外开放，之前基本供皇家使用，体现皇家气派；营造主体上，由皇家在盛世聚集能工巧匠建造；艺术造诣及资源禀赋上，代表国家最高水准。

2.2.1.2 寺观园林的发展脉络及特点

寺观园林包括佛寺、道观、历史名人纪念性祠庙。两晋南北朝时期，僧侣及道士远离城市，到风景优美的地带建置佛寺、道观，促成了全国

---

❶　周维权. 中国古典园林史［M］. 北京：清华大学出版社，1999.

范围内山水风景自然资源的首次大开发；隋唐时期，寺观的建筑制度趋于完善，包括殿堂、寝膳、客房及园林四个功能区，寺观开展宗教活动的同时，也开展社交和公共活动，成为各阶层市民平等交往的公共中心；宋代禅宗的崛起，继南北朝之后又一次掀起了在山野风景地带建置寺观的高潮，从客观上再度促进了对全国范围内山岳风景名胜区的开发；元、明、清初，许多名山胜水往往因寺观的建置而成为风景名胜区，每一处佛教、道教名山都聚集数十所甚至百所的寺观，很多保存至今，并且大多数成了公共游览地；清中期以后，除极个别的特例具有明显的宗教象征性，多数寺观园林继承了宋以来的世俗化、人文化传统❶。

从寺观园林的发展历程可以看出：寺观园林在选址上不受局限，一类是位于城市，毗邻寺观单独建设或位于寺观内部的园林，另一类是郊野中的寺观，选址时对风景要求极高，无异于山水园林，"天下名山僧占多"成为其选址具有的普遍规律。空间尺度上不拘一格，狭者仅方丈之地，广者连绵几座山脉乃至覆盖整个宗教圣地，包括寺庙建筑、宗教景物、人工山水及周围大面积的自然山水环境，例如，武当山、普陀山、五台山等宗教圣地。造园手法上，建筑布局结合山水格局，往往秉承了"儒、释、道"处理人与自然关系的最高理念，体现着中国人特有的自然环境观。生态保护上，唐宋以后随着寺院丛林制度的完善，僧侣植树造林成为必不可少的公益劳动，道教崇尚自然、尊重自然的一草一木，这些传统的传承，对风景地带自然生态的保护起到了积极作用。代际传承上，少有皇家园林因朝代更替而损毁，一些著名的寺观园林历经数个朝代的持续发展，实现了自然与人文景观的交融，并世代相传。在开放程度上，有别于供皇家专享的皇家园林，其宗教传播功能，使其面向庶民百姓，具有了公共游赏与教化的公益属性。

2.2.2　重构以国家公园为主体的自然保护地体系的主要空间组成类型

中华人民共和国建立之后，我国相继建立了自然保护区、风景名胜

---

❶　周维权. 中国古典园林史［M］. 北京：清华大学出版社，1999.

区、国家森林公园、世界遗产地、国家地质公园、水利风景区、国家
湿地公园以及海洋特别保护区等一系列自然保护地。其中，建立时间较
早、保护等级较高、数量及规模较大的是自然保护区与风景名胜区，这
两类自然保护地功能各异、特色鲜明，是重构我国以国家公园为主体的
自然保护地体系重要的两大类型。

2.2.2.1 自然保护区的建立与主要功能

1956年，秉志、钱崇澍等5位科学家联名向第一届全国人民代表大会
第三次会议提出了《请政府在全国各省（区）划定天然森林禁伐区，保
存自然植被以供科学研究的需要》的92号提案："急应在各省（区）划定
若干自然保护区（禁伐区），为国家保存自然景观，不仅为科学研究提供
据点，而且为我国极其丰富的动植物种类的保护、繁殖及扩大利用创立
有利条件，同时对爱国主义的教育将起着积极作用"。由林业部牵头，同
年10月，制定了《关于天然森林禁伐区（自然保护区）划定草案》，明确
指出："有必要根据森林、草原分布的地带性，在各地天然林和草原内划
定禁伐区（自然保护区），以保存各地带自然动植物的原生状态"，并同
时提出了自然保护区的划定对象、办法及重点地区。1956年，中国设立
了第一个自然保护区——广东鼎湖山自然保护区，此后，相继建立了浙
江天目山、海南尖峰岭、广西花坪等第一批自然保护区。

由此可见，中国自然保护区是以保护国家自然景观、自然动植物的
原生状态为出发点，服务科学研究与爱国主义教育而设立。自1956年始
建至今，自然保护区经历了五个发展阶段。起步阶段（1956～1966年）：
建立以保护森林植被和野生生物为主要功能的自然保护区20处，填补了
我国自然科学发展中的空白。停滞和缓慢发展阶段（1967～1978年）：参
加联合国人类环境大会，并提出自然保护区工作规范和划定建立的依
据。稳步发展阶段（1979～1993年）：《中华人民共和国森林法（试行）》
《中华人民共和国环境保护法（试行）》等一系列法律法规的制定和《生
物多样性公约》《国际重要湿地公约》等国际公约的签订，标志着我国
自然保护区建设步入了有法可依、有章可循，与国际接轨的稳步发展轨
道。快速发展阶段（1994～2007年）：1994年，国务院颁布《中华人民共

和国自然保护区条例》，该条例是我国首部关于自然保护区的专门性法规，由此，自然保护区管理体制逐步建立，开启了综合管理与部门管理相结合的新模式。稳固完善阶段（2008年至今），经过几十年的实践，基本建成类型比较齐全、布局基本合理、功能相对完善、成规模的自然保护区网络体系，我国发展成为自然保护区面积最大的国家之一❶。

我国自然保护区的建立对生态系统的完整性保护、野生动植物物种的保护、自然遗迹的保护、生物物种自然基因库的构建、社区经济发展的带动、生态科普教育的推动、生态服务的提供、国家战略资源的储备及生态安全屏障的构建发挥了重要作用。

2.2.2.2 风景名胜区的建立与主要功能

中国风景名胜区是自然与人文荟萃之地，具有悠久的演化历史，与社会发展进程和人类活动息息相关。在历史上，其发展历程历经了以下几个阶段：萌芽阶段，即五帝之前，农耕和聚落形成，自然与图腾崇拜体现出审美意识及艺术创造的萌芽，河姆渡出土的艺术品实物印证了这一时期的审美活动，封禅祭祀地、名山大川、巢父许由栖隐地均呈现出风景名胜区早期萌芽的形式。发端阶段，即夏、商、周时期，农业和都邑形成，大禹治水和兴修水利等活动促使对国土空间之上的大地山川进行了首次综合治理，此时，出现了爱护野生动物、保护自然资源与仁德治国的思想。城市建设推动了邑郊游憩地的发展，依照《周礼》，建立了由"大司马"掌管和保护全国自然资源，"囿人"掌管囿游禁兽等关于风景名胜区的管理制度。形成阶段，即秦汉时期，封禅祭祀等活动促使以五岳为首的中国名山风景体系形成，佛教、道教开始进入名山，促进了山水文化的发展。人们热爱自然，民间郊游、远游活动盛行，对山水有意识的审美活动逐步走向成熟，形成了五台山、普陀山、秦皇岛等30多个风景名胜区。快速发展阶段，即魏晋南北朝时期，社会动荡，文艺繁荣，寺庙建设、洞窟开凿，佛、道教盛行促使宗教圣地快速发展。全面发展阶段，即隋、唐、宋时期，经济、社会、文化繁荣，风景名胜区的数量、类型增多，分布范围扩

---

❶ 唐小平. 中国自然保护区：从历史走向未来［J］. 森林与人类，2016，11：24-35.

大，内容充实完善，成为保护自然、寄情山水、赏玩游憩与艺术创作的胜地。深化发展阶段，即元、明、清时期，风景名胜区数量进一步增多并形成体系，在规划建设、经营管理方面融合了自然科学、人文社会、工程技术等知识，不乏成功实例。停滞衰颓阶段，即1840年至1949年，内忧外患使中国风景名胜区进入停滞和衰颓状态❶。

中华人民共和国成立以来，风景名胜区的规划建设与经营管理已经进行了60余年的探索实践。主要划分为4个主要阶段：第一阶段（1949年～1960年代），自20世纪50年代以来，建设复苏，发展了一大批具有休疗养功能的风景名胜区；20世纪60年代，对以桂林为代表的风景名胜区开展了风景研究和系统的规划编制。第二阶段（1978～1985年），1978年，中共中央下发《关于加强城市建设工作的意见》（中发〔1978〕13号），首次明确风景名胜区管理事业由城市建设主管部门负责，并指出应加强对名胜、古迹和风景区的管理；1979年，国家建委在杭州召开了关于全国自然风景区的座谈会，下发了《关于加强自然风景区保护管理工作的意见》，并明确提出"风景名胜区"概念；1981年，国务院批转国家城建总局等部门《关于加强风景名胜保护管理工作报告的通知》（国发〔1981〕38号），提出全国开展风景名胜资源调查，并对其进行分级及范围划定，各地对各自重点风景名胜资源开展调查、评价、鉴定并申报国家重点风景名胜区；1982年，国务院批转城乡建设环境保护部等部门《关于审定第一批国家重点风景名胜区的请示的通知》（国发〔1982〕38号），共审定国家重点风景名胜区44处，标志着我国第一批具有法定概念的风景名胜区产生。第三阶段（1985年至20世纪末），1985年，国务院颁布《风景名胜区管理暂行条例》，从法规层面对风景名胜区保护与利用、规划与管理提出了要求；1987年，城乡建设环境保护部发布《风景名胜区管理暂行条例实施办法》；1995年，建设部成立风景名胜区专家委员会。第四阶段（进入21世纪以来），2000年1月1日，颁布实施《风景名胜区规划规范》（GB 50298—1999），对规范统一风景名胜区规划编制内容发挥了重要作用；2006年，国务院颁布《风景名胜区条例》，标

---

❶ 张国强，贾建中，邓武功. 中国风景名胜区的发展特征［J］. 中国园林，2012，8：78-82.

志着我国步入了规范化、法制化保护、利用和管理风景名胜资源的新阶段；2008年，风景名胜区纳入《中华人民共和国城乡规划法》❶。

中国风景名胜区具有自然与人文的双重属性，是具有人文色彩的自然，是人与自然精神相往来的场所。风景名胜区在不同的历史时期表现出不同的功能，人们在此寄托对自然的敬畏崇拜、对自然进行改造与利用、寄情山水游览欣赏、开展艺术创作及科学研究等。较之自然保护区，风景名胜区中自然景观与人文景观交相辉映，着重对人文化自然的保护、欣赏与适度利用。经过中华人民共和国成立以来的发展，风景名胜区已建立从申报设立、规划编制、资源保护、实施评估到监测执法等一系列较完善的管理制度体系，为建立以国家公园为主体的自然保护地体系积累了实践经验。

2.2.3　国家公园体制试点区的建立与实践

自1956年至今，经过60多年的发展，我国已经相继建立分属林业、住建、海洋、国土等不同部门管理的多种类型的自然保护地，基本覆盖了我国重要的、典型的自然生态空间。十八届三中全会首次提出建立国家公园体制。2015年，国家发展和改革委员会等十三部委联合出台《建立国家公园体制试点方案》，该方案在全国确定了9个国家公园体制试点区，截至目前，国务院已批复包括三江源、武夷山、钱江源、神农架、热带雨林等11个国家公园体制试点区的实施方案。

各国家公园体制试点区根据自身特点，以国家公园为主体整合已建成的自然保护地，在自然资源分类定级、经营管理、保护制度以及保护地社区发展等方面，进行了不同程度的体制创新。11个国家公园体制试点区为探索建立真正意义上的国家公园积累了具有区域代表性的实践经验。例如，管理模式方面，东北虎豹、祁连山、大熊猫国家公园体制试点区依托国家林业和草原局驻地专员办，成立了国家公园管理局，与相关省份成立了协调工作领导小组，突破行政区划限制实现跨省份统一管理，共同推进试点工作；青海省、海南省成立了省级直属的国家公园管

---

❶　贾建中. 我国风景名胜区发展和规划特性［J］. 中国园林，2012，11：11-15.

理局；其他各国家公园体制试点区分别成立了专门的管理机构。资金保障方面，探索构建财政投入为主、社会投入为辅的保障制度。社区参与方面，三江源、神农架、普达措、南山国家公园体制试点区设置了生态公益管护岗位，优先吸纳生态移民和当地社区居民共同参与国家公园资源保护，探索社区参与共建共享保护模式。国际交流方面，成立了国家公园监测评估研究中心和国家公园规划研究中心，与美国、加拿大、哥斯达黎加、法国、俄罗斯等国家的政府部门、社会团体等开展多种形式的交流合作❶。同时，11个试点区各具特色，也面临迥异的现实问题，例如，位于中国人口密度较小、以游牧经济为主、空间尺度宏大、国有土地占比较高的三江源国家公园体制试点区与位于中国人口密集区、社会经济发展水平较高、空间范围局促、集体土地占比较高的钱江源国家公园体制试点区，土地产权错综复杂的武夷山国家公园体制试点区国有土地仅占总面积的28.7%与国有土地占比高达85.8%的神农架国家公园体制试点区等，在探索建立国家公园一般模式的基础上还需根据各试点区的特殊性，有针对性解决相关现实问题。

2.3 中国国家公园的理念传承与时代需求

不管是古代的皇家园林、寺观园林，中华人民共和国成立后的自然保护区、风景名胜区，在不同的历史时期，受当时思想文化、社会经济发展的影响，均不同程度地体现出国家公园的某些特质，但为什么第一座真正意义上的国家公园并没有最早在中国出现？为什么在生态文明理念之下，中国国家公园才作为自然保护地的主体登上历史舞台？

2.3.1 "天人合一"思想对人与自然关系的影响

中国古代的"天人合一"思想是人与自然关系的基本准则和最高理

---

❶　王钰，王爽宇. 我国国家公园体制试点总面积22万平方公里［J］. 中南林业科技大学学报，2019，10：145.

念，对中国人认知、处理人与自然的关系影响深远。

首先，"天人合一"思想是人与自然有机融合的理念。主要体现在三个方面：一是人类包含于万物之中，《周易》分别象征天地的乾卦与坤卦，其象辞有云"大哉乾元，万物资始，乃统天""至哉坤元，万物资生，乃顺承天"。二是人类社会是自然万物整体的有机组成部分，《序卦》云："有天地然后有万物，有万物然后有男女，有男女然后有夫妇，有夫妇然后有父子，有父子然后有君臣，有君臣然后有上下，有上下然后礼仪有所错"。三是人类社会与自然有共同的运行法则，天地生养万物，使其各得性命之正，人与天地自然万物一体，"保合太和"共同构成和谐世界，共同秉承乾道变化的人与万物，在运行法则的根本上是相通的。

其次，"天人合一"思想是人对自然生态的保护理念。其保护理念主要包括：一是尊重自然，春秋时期思想家老子首次提出"自然"的概念，"人法地，地法天，天法道，道法自然"中就蕴含着尊重天地万物运行规律的理念；二是珍爱万物，儒家的仁爱思想强调将由血缘关系产生的道德情感，逐渐推演至众人乃至万物；三是不违天时，《孟子·梁惠王》"不违农时，谷不可胜食也；数罟不入洿池，鱼鳖不可胜食也；斧斤以时入山林，材木不可胜用也"，提出了对万物顺应天时的可持续性保护。

再者，"天人合一"思想是人对自然生态的利用理念。儒家在自然资源的开发利用上，提倡爱物、取物不尽，取物以时，如《论语·述而》："子钓而不纲，弋不射宿"，《荀子·王制》："圣王之制也：草木荣华滋硕之时，则斧斤不入山林，不夭其生，不绝其长也；鼋鼍鱼鳖鳅鳝孕别之时，网罟毒药不入泽，不夭其生，不绝其长也"等；道家在对待自然上讲求"顺物自然""处物而不伤物"，知止知足，既满足人类需求又顺应了物的消长规律，维持了人与自然的和谐。佛家讲求"慈悲为怀""不杀生""护生"，禁止乱伐树木、破坏山水，将寺庙建在青山绿水之间，营造人心清净、环境幽美的人间净土。

2.3.2　中国文化特质对人与自然关系的影响

在我国，认知人与自然关系的哲学思想、欣赏自然的美学观念、亲近自然的精神追求源远流长，在千年的传承之中，却没有出现像黄石国家公园这样的自然保护地。较之美国，我们关于人与自然关系的理念，根植于中国文化的土壤上，体现在中国文化的三个层次之中。

第一，从物质经济层面来看，中国有着漫长的农耕历史，农业为人们衣食住行的生存根本。这种农耕生活方式潜移默化地造就了中国人对自然的态度与认知。在空间分布上，由长江、黄河、澜沧江、珠江、淮河、黑龙江等河网流域衍生出成片的农业耕种区，成为城市、村落之外最紧密而广阔、融入了人工参与的自然空间；在时间延展中，一年二十四节气流转，农业生产需尽人事，也需要听从天命。与游牧或商业民族向外征服、开疆拓土的生存方式不同，农业生产是一场人力与自然的合作，在这种年复一年的遵循规律与应对变化的生命常态之下，依天时、就地利、尽人事，形成的是"天人合一"的生存观。人与自然之间，没有对立，就无所谓征服，没有肆意的索取，也不存在刻意的保护。

第二，从社会组织层面来看，中国社会的构建是由内而外、推己及人、层层推衍的过程。《大学》从格物、致知、诚意、正心、修身、齐家、治国、平天下，一以贯之地概括了以个人修身为本到实现社会和谐之群体理想的过程。《中庸》进一步主张："能尽其性，则能尽人之性。能尽人之性，则能尽物之性。能尽物之性，则可以赞天地之化育。可以赞天地之化育，则可以与天地参矣。"由血缘产生的人伦关系推衍至自然万物，从而实现天、地、人三才，宇宙自然界的整体和谐。

第三，从精神理念层面来看，中国的道德与西方的宗教不同，具有内倾性，"克己复礼为仁""反求诸己""致良知"，所求不在外而在己，体现的是本自具足的圆满自性；在此心性之下，投射于外物，中国的文学、艺术所表达的境界，也即是心灵的境界，正如孔子所说"志于道，据于德，依于仁，游于艺"，道、德、仁、艺一脉相承，共同构成圆满融合的人生。在精神追求上，仍然是遵循天道，反观自性，悠然自得的艺术人生。

从人与自然的生存关系、人与人的社会关系、人与心灵的自性关系三个层面去感知中国人与自然一以贯之的融合、一元的观念，就不难理解为什么中国在"天人合一"的最高理念与行为准则之下，在不同程度具有成为国家公园潜质的园林空间漫长的发展实践之中，并没有诞生国家公园这样的概念与实体。而美国具有向外征服的国家发展历程和向外臣服的宗教精神，荒野正好成为承载其开拓进取的民族精神和回归自然的宗教情怀的场所。人与自然的二元关系，使得在不同的国家民族不同的发展阶段，出现了征服利用自然和保护敬畏自然截然不同的态度，也为国家公园的诞生打上了鲜明的民族、时代、环境的烙印，成为美国文化土壤上开出的花朵。

2.3.3　时代发展需求对人与自然关系的影响

2.3.3.1　建立中国国家公园的时代背景

中国特色社会主义新时代把生态文明建设提到了前所未有的高度。习近平总书记围绕"为什么要建设社会主义生态文明、建设什么样的社会主义生态文明、如何建设社会主义生态文明"发表了系列重要讲话。提出了"绿水青山就是金山银山"的"两山理论"，是对良好生态系统能够提供生态服务产品、具有经济价值并产生经济效益，以满足人民日益增长的优美生态环境需要的形象表达。此外，还提出"山水林田湖草是一个生命共同体"，这一理念继承了中国古代天地人万事万物一体的整体观念，融入了西方整体论、大地伦理学的思想，体现出系统治理的理念。

2.3.3.2　建立中国国家公园的时代使命

每一种创新体制、科技成果、艺术作品的诞生都离不开孕育其生长、发展的土壤，与其相关联的种族、环境、时代密不可分。代表美国精神与文化的国家公园在美国诞生，得益于国家特定的社会经济发展阶段与对民族精神的重新审视。国家公园在世界各国建立与发展的过程中，又融入了各自的国家民族性与时代发展内涵。中国作为提出人与自然关系最高法则和开展营造人地和谐关系场所实践的国家，首次提出建立国家公园体制，在中国特色社会主义新时代这一背景之下，具有中国特色的国家公园又有哪些时代赋予的使命与价值？

中国国家公园经历了国家公园概念提出、地方局部探索、国家公园体制试点全国推进阶段，各阶段反映出不同的时代需求。

国家公园的概念是在自然保护区、风景名胜区、国家森林公园等自然保护地分类交错、空间重叠、管理分散带来的保护地生态空间格局碎片化与管理体系分散化的发展现状基础上提出的。1984年，第一个以国家公园命名的保护区"垦丁国家公园"首先在中国台湾建立。2007年，由云南迪庆藏族自治州通过立法设立命名为国家公园的"普达措国家公园"。2008年，由环境保护部和国家旅游局批准设立名为"黑龙江汤旺河国家公园"的试点单位。这些"国家公园"由于缺乏配套的管理机构、完善的制度建设，并不完全具备真正意义上国家公园的特征，只是进行了地方性的初步探索。

国家公园体制试点是在中国特色社会主义新时代，中国为应对全球性生态问题贡献中国智慧和中国方案的背景下提出的。一方面应对全球化问题，与国际接轨，建立具有中国特色的国家公园体制，承担发展中大国的国际责任；另一方面通过一系列的关于健全自然资源资产产权制度、建立国土空间开发保护制度、建立空间规划体系、完善资源总量管理和全面节约制度、健全资源有偿使用和生态补偿制度等生态文明体制改革，促进以国家公园为主体对不同历史时期出现的各类自然保护地进行体系重构，以优化自然保护地科学保护及合理利用自然资源的功能。目前全国已有11个国家公园体制试点区，根据各自的特色为建立真正意义上的国家公园进行了全面实践。

从国家公园的地区性尝试，到国家公园体制试点在国家层面的统筹推进，建立以国家公园为主体的自然保护地体系已经成为"生产、生活、生态"空间的重要组成部分，是实践生态文明体制改革的重要途径，也是新时代满足人民日益增长的美好生活需要及优美生态环境需要的空间载体。

2.4 国家公园的中国特色核心理念

2.4.1 国家公园的中国定义

国家公园作为美国首创的事物，其代表的民族精神、国家意识、审美情趣以及对待自然荒野的态度等，具有明显的美国特色。国家公园作为一种向全球推广的品牌，已经被世界不同国家和地区广泛接受。这些国家和地区在自然环境条件、社会经济发展进程以及对待人与自然关系等方面又都存在显著差异，在建立国家公园的进程中接受国家公园品牌的同时又融入了各自的风格特色，例如，英国在整合各类资源后发展出乡村景观，南非着力于保护野生动物，澳大利亚则侧重于保护本土的土著文化遗产。中国国家公园是在中国古代哲学思想、西方近现代生态思想以及中国特色社会主义新时代生态观共同影响作用下形成的建设生态文明的重要实体。

中国国家公园一方面受到本国传统文化的影响，一方面接受了西方生态思想，在经由自然保护区、风景名胜区等自然保护地的探索实践以及对其他国家和地区的国家公园进行学习借鉴后，形成了国家公园的本土定义。《建立国家公园体制总体方案》将国家公园定义为："由国家批准设立并主导管理，边界清晰，以保护具有国家代表性的大面积自然生态系统为主要目的，实现自然资源科学保护和合理利用的特定陆地或海洋区域"。

2.4.2 国家公园的整体性

中国国家公园核心理念的建立体现在国家、国民与国家公园的整体性关系上。国家与国民既是国家公园建立、管理、运营、保护与利用的认知与实践主体，又与国家公园有机联系。国家公园中自然与人文相互交融，体现人与自然关系的最高理念，承载着可持续性发展与保护的最优管理体制，以实现对自然资源的严格保护与永续利用、人与自然的和谐共存，对于自然生态、国民、国家乃至全球具有重要意义。三者的整体性体现在以下几个方面。

对国家而言，应具有国家代表性。首先，体现于国家权威：由国家层面综合评估、确定设立国家公园，并建立统一的管理机构代表国家行使主导管理权，形成垂直管理体系；建立国家公园及自然保护地法律体系，以法律法规保障自然资源有效保护，规范利用方式；建立国家公园是对全球生态系统和生物多样性保护作出的国家承诺，体现国家责任，对国民而言，为其提供开展游憩、科研、教育等活动的可持续性的生态空间，体现国家义务。其次，体现于国家所有：将国家公园涉及的土地及其上承载的自然资源通过赎买、置换、长期租赁、签订地役权合同等方式收归国有，以国家名义代表全民直接行使自然资源资产所有权；主要依靠国家财力，对国家公园进行规划建设并建立运营体系及保护机制，以保障国家公园的公益性。再次，体现于国家价值：保护对象是具有典型性与代表性的生态系统和生物多样性资源，具有国家乃至全球保护价值；代表国家形象，具有国家象征意义，也是国家综合国力的体现。最后，体现于国家意识：通过建立国家公园，增强国民对国家的认同与理解，从而激发自豪感与归属感。

对国民而言，应体现公众利益。首先，体现在全民所有：国家公园超越历史上的皇家园林、寺观园林，服务于全体国民，使之获得平等的入园资格，是民主进步与现代文明的象征。其次，体现在全民共享：一是国家公园的公益属性，由国家管理、财政支持，避免商业化运营，是国民获得公共生态福利与生态产品服务的开放游憩空间；二是国家公园的公平性，这种公平性超越代内实现子孙后世永续利用的代际公平。再次，体现在全民共建：一是国家公园建立的国民认同度，在建立之初就需要全民参与推选国家公园，以完善全国全局性布局的顶层设计；二是国家公园建设的国民支持度，在规划建设中，涉及土地权属分散与集体所有的情况需要国民的支持进行土地流转，合理建立转移支付等生态补偿制度平衡生态区与受益区的关系等；三是国家公园运营的国民参与度，在国家公园运营阶段，需要科研团队参与技术把控，志愿者的公益性服务，经营团队的特许经营服务，保护自然的民间团体的资金支持与舆论监督，与周边美丽乡村、特色小镇、A级旅游区、生态城市的结盟建设等。只有在国民充分地认同、支持、参与的过程中，国家公园才成为真正体现国家精神和民族凝聚力的载体。

国家公园区别于生活、生产类国土空间，是生命共同体的代表性载体，对自然生境、人类社会均具有特殊意义。从空间上看，首先，是保护生态系统这一开放复杂巨系统的重要空间形式，对其间动植物的生存繁衍、自然生境的变迁、自然过程的演替等进行严格保护；其次，是构建国家生态安全格局、国家形象塑造与国家实力彰显、为国民提供生态产品服务的国土空间有机组成部分；再次，是维护全球山水林田湖草生态平衡网络体系中的重要节点。从时间上看，国家公园体现的是对自然资源可持续性利用的认知态度，对国家代表性资源代际传承的国家责任，秉承了中国传统文化中体现人与自然理念的基因，是当代特征以及时代价值的体现。

2.4.3　国家公园的四组关系

在国家公园这一公众共享、人与生物共享、人与自然和谐统一的特殊生态空间内，涉及排他性的个人利益、排他性的国家利益及非排他性的个人利益，即要处理好个人私益、国家公益及环境公益的关系，需要思考以下几组关系。

1. 协调自然价值与人文价值的关系

国家公园是对具有国家代表性的大面积自然生态系统的保护，其间涉及全民所有的自然资源资产所有权、各类生物平等享有的生存权、人类对自然及其他生命体的尊重、人类对自然环境及其他生物的保护义务、人类对自然资源的合理利用等问题。如何协调上述权利与义务、利用与保护等人与自然的关系，首先需要深入探讨自然本身、自然之于人类具有的价值问题。一方面，就自然本身而言具有生命整体性价值：第一，自然是生命得以形成的基础及生命孕育的源泉，是一切生命及非生命的载体，因此具有支撑价值；第二，自然界的各类生物本身具有生命价值，以各自的存在及稳定的延续性体现出物种的多样性，且构成了相互依存的互补性及整体性关系。另一方面，自然之于人类而言具有工具性价值：第一，自然资源通过人类劳动的重新调整与安排从而具有经济价值；第二，自然资源作为人类认知、审美、体验、寄托情感的对象，具有科学、审美、游憩、心智启发等价值。因此，国家公园是自然价值与人文价值相统一的载体，需从多角度对其作出价值评价，避免评价标准的单一化导致协调处理其间关系的失衡。

2. 平衡商业价值与公益价值的关系

在人类集中生活的城镇、劳作生产的乡村，充满着人类利用、改造自然的方式及成果，然而，人类与自然并非只有技术性与商业性的关系，在国家公园这一生态空间中，自然资源既有其常规的商业属性体现商业价值，更为侧重的是其具有的超常规的公益价值。国家公园的商业价值并不局限于内部，自然资源作为保护对象，大部分难以直接通过常规的人力劳动转化为人工制品，成为面向消费者的商品，从而转化为商业价值带来经济利益，但国家公园具有的品牌效应，可以辐射带动周边的生产、生活空间，通过分享国家公园品牌价值创造商业价值。在国家公园内部，自然资源特别是核心保护的自然资源通过特殊的社会价值选择得以保持原貌，其特有的自然环境带来的社会服务功能，实现超常规的面向广大国民的公益价值，例如，具有国家代表性，其特有的地理区位及自然条件形成的自然风貌，是有别于地球其他国家和地区具有鲜明特征的国家自然景观；具有代际传承性，作为生命之源呈现出生命产生、发展、演变或即将消逝的过程。通过这种来自自然的无声教育，激发出人们对国家的认同感及保护共同家园的愿望。因此，国家公园所具有的公益属性，具有空间上，以及代内、代际的外部正效应。

3. 统筹中国特色与地方特色的关系

从国家层面来看，国家公园是在人民日益增长的美好生活、优美生态环境需求下，顺应时代发展提出的生态文明建设的重要载体。中国特色的国家公园体现在处理人与自然关系的指导思想上，以尊重、顺应、保护自然为前提，以人与自然和谐共生的理念助力美丽中国建设。处理保护与利用关系的经济发展方式上，以绿色发展观为导向，发展与保护相统一，使生态文明建设成为经济发展的内生动力。统筹推进国家公园建设的制度保障上，首先，国家公园内全民所有的自然资源所有权在成熟期直接由国务院自然资源主管部门行使，保障国家公园生态保护第一、体现全民公益性等功能的实现；其次，在自然保护地体系重构中，国家公园保护对象的国家代表性及珍稀程度，在生态格局保护中具有的战略性，确保了国家公园资源保护价值与生态保护功能的主体地位，且统一设立国家公园后其间不再另行设立其他类型的自然保护地，又保障了国家公园的唯一性。

从地方层面来看，在遵循国家对全国的国家公园作出全局性安排后，如何塑造当地特色，使国家公园成为当地民众有认同感与归属感，并为广大游客带来获得感与幸福感的具有标志性的共同家园，是国家公园所在地面临的现实问题。对当地居民而言，国家公园中广袤的草原、繁密的热带雨林、连片的茶山……是其乡土生产生活方式、民族繁衍发展历程、精神性格塑造、心灵寄托依存的载体，具有传承纪念意义。对外地游客而言，国家公园中具有国家代表性的多样化的地理单元所承载的特有自然与人文景观，是国家精神的象征，具有文化感召意义。因此，国家公园的建设，既需传承深入到民众日常生产生活之中的特色文脉，满足当地居民的心理诉求，又能引发人们从个人的游览体验之中产生对国家高度认同的家国情怀。

因此，国家公园的中国特色在理念定位、体系构建、制度建设上应体现出全局性、长远性及战略性，而地方特色则在具体规划建设、参与体验、运营管理中应体现出地域性、象征性及可持续性。

4. 建立中国示范与全球标准的关系

在体现绿色发展系统观，社会、经济、生态复合生态观的生命共同体理论、"两山"理论的指引下，我国从以生态环境为代价的经济高速发展转向以生态优先、绿色发展为导向的高质量发展，试图通过国土空间优化及配套制度创新，实现不同功能区采用差异化的指标评估体系，达到综合效益最优的目的。国家公园之于国内而言，是保护国家生态格局和重要生态系统的生态功能区，是实践生态文明体制改革的载体，在自然资源资产产权确权登记、自然资源有偿使用、生态补偿、生态绩效考核等方面，在各类自然保护地建设中具有高标准先行示范的引领作用。

国家公园在全球推广的过程中，IUCN发布了自然保护地管理分类体系及国家公园定义，各国根据国情融入自己的特色，形成了多样化的国家公园实践范例并积累了丰富的本土经验。中国国家公园是在"天人合一"一以贯之的自然生态观的指导下,经历了中华人民共和国成立以来一系列自然保护地产生、发展实践后提出的。由于国土空间跨度大,生态系统的类型具有多样性,地理单元的格局也呈现出丰富性,同时,人口众多且经过几十年的经济高速发展,完全没有人工痕迹的自然生态空间较为稀缺。这些实情既为严格保护带来了产权规整、搬迁安置、产业更新、生态恢复等一系列问题,自然景观与人文景观的交融又为塑造中国国家公园带来了民族风情、文化遗迹、乡土生活场景、原生态劳作方式、原住民民居建筑等特色元素。我们在对标国际标准,借鉴国际经验的同时,需探索出一套建设中国特色国家公园的示范方案。

2.4.4 国家公园的核心理念

综上所述,中国国家公园在新时代具有重要的作用与特殊的价值,在梳理了国家、国民、国家公园的整体性,建设国家公园需要协调统筹的四组关系的基础上,将中国国家公园的核心理念总结为"代表国家形象,面向全体国民,承担代际责任,服务全球生态",对国家、国民、全球生态均具有深刻的意义(图2-1)。

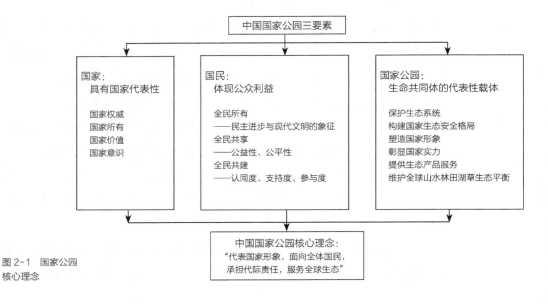

图 2-1 国家公园
核心理念

2.5 本章小结

国家公园首创于美国，在世界各国嵌入式发展。国家公园的理念在不同国度与时代背景下不断演化。在我国开展国家公园体制试点，准备建立真正意义上的国家公园的关键阶段，需要统筹国土空间上国家公园的全国性布局，需要重构以国家公园为主体的自然保护地体系，需要探索实践支撑国家公园建设与发展的生态文明体制改革的各项措施，同样，也需要探讨国家公园的中国特色核心理念，以及促使该理念跟随实践过程不断走向进步、成熟与完善。

框架篇
定位与衔接

　　以国家公园为主体的自然保护地体系是一个开放复杂的巨系统，需要以有机论的世界观、涌现性的方法论及系统思维研究其作为系统具有的特征、规律与机制及在万物互联、动态演化中研究一系列的关系问题。在全球化背景下，在世界国家公园经历的一个多世纪发展进程中，中国国家公园需立足本国实际，在吸收世界国家公园发展经验的同时，找到自己的时代价值及全球定位，为世界国家公园建设及全球生态文明建设提供中国方案。在生态文明体制改革中，在国土空间规划体系下，以国家公园为主体的自然保护地体系是生态文明的核心载体，是国土空间中一类大尺度的生态空间，与生产、生活空间紧密联系，在维护国家生态安全中具有重要地位；以国家公园为主体的自然保护地体系构建需要与国土空间规划体系的四个子体系找到连接点，依法依规推进生态空间的规划与建设。

3 从系统论的角度
看国家公园体制建设

　　我国自1956年建立第一个自然保护区以来，在不同的历史时期、不同的管理目标导向下、归属不同的行政管理部门，相继建立起自然保护区、风景名胜区、国家森林公园等一系列的自然保护地。在发展过程中，出现了同一个保护地具有多项保护地名称、归属多个管理部门，同一保护对象由于行政区划割裂为几个保护地等一系列的问题。保证保护对象在空间区域上的完整、管理目标上的明确、保护与利用上的权责清晰等遵循其生态属性设置自然保护地的原则，并没有在实践中得到很好的落实。面对自然保护地这些现实问题，国家在《关于建立以国家公园为主体的自然保护地体系的指导意见》中，明确提出了通过归并优化现有的各类自然保护地，构建以国家公园、自然保护区及自然公园三大类型保护地为顶层设计的自然保护地体系。该体系内部由哪些要素构成，要素之间存在哪些功能关系、如何相互作用，该体系划分出的三大类型保护地各有什么特征，该体系与外部环境如何关联，在国土空间上对生产、生活空间产生什么影响，是以下要探讨的问题。

3.1　以国家公园为主体的自然保护地体系

　　以国家公园为主体的自然保护地体系是一个开放复杂的巨系统，这一有机整体具有开放性、复杂性、整体性、关联性、自组织性、等级结构性、动态平衡性以及时序性等系统所具备的共同基本特征。

3.1.1　自然保护地体系中的要素

　　就系统内部而言，自然保护地体系包括水、大气、阳光、岩石、土壤、生物等自然环境要素与政治、经济、文化等社会环境要素。

自然环境中的生物群落与非生物环境之间通过能量流动及物质循环，形成相互影响与作用，是具有调节能力的动态平衡系统。生物群落从非生态环境中吸取空气、水分、阳光、热量，生物的生长、繁育、死亡等活动又释放出物质及残体复归于环境。通过连接无机环境和生物群落起基础性作用的生产者、加快物质循环及能量流动扮演"催化剂"角色的消费者及连接生物群落和无机环境具有还原功能的分解者间的相互协作，实现将无机环境中的能量同化并输入生态系统、通过捕食和寄生关系促进能量在生态系统中的传递以及将无生命的复杂有机质分解成水、二氧化碳、铵盐等可以被生产者再度利用的物质。其结构随时间的变动而随之改变，在不同长短的时间度量上出现短时间周期中的生命出生与死亡、中等时间周期中的群落演替及长时间周期中的生态系统进化或衰败等现象，体现出时序性。

社会环境中政治、经济、文化要素在自然保护地中相互作用，为自然保护地维持适宜、稳定状态起到促进作用。政治制度方面，中央政府直接行使全民所有自然资源资产所有权，自然资源部下设的国家林业和草原局加挂国家公园管理局的牌子，由该部门对自然保护地进行统一监督管理，并探索构建"统一、规范、高效"的中国特色国家公园体制；经济发展方面，建立生态产业化及产业生态化为主体的生态经济体系，探索由原住民参与的环境友好型特许经营活动及体现传统地域文化特色的人地和谐生态产业模式；文化建设方面，对内以不断满足国民对优美生态环境、优良生态产品及优质生态服务需求为宗旨，推动基于以国家公园为主体的自然保护地体系开展的系列公益性活动的开发建设，对外以国家公园为主体的自然保护地体系在生态文明建设创新成果上体现中国特色、助力全球生态治理。

3.1.2　自然保护地体系内环境要素间的功能关系

对于自然保护地体系而言，自然环境要素与社会环境要素作为该体系的基础与前提，体系内部这些要素所形成的自然环境与社会环境又互为内部环境，相互提供支撑（图3-1）。

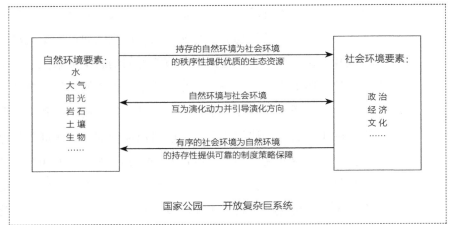

图 3-1 自然保护
地体系内环境要素
间的功能关系

3.1.2.1 持存的自然环境为社会环境的秩序性提供优质的生态资源

自然保护地要实现人地和谐、社会生态稳定的秩序性，需要持存的自然环境为当地社区民众提供持续性的优质生态环境、产品及服务。第一，具有国家代表性的自然资源及景观格局其特有的当代价值为生活在自然保护地内的社区民众带来文化认同感与自豪感；第二，相对稳定的自然资源及景观格局为当代民众带来审美体验并引导其产生为后代保护资源的代际传承意识；第三，生态经济导向下自然环境持续性供给的优质生态产品与服务所带来的效益促使当地民众变被动保护为主动参与经营，获得地域乡土的归属感。持存的自然环境为维护社会生态秩序性提供可持续的经济支撑及广泛的心理认同。

3.1.2.2 有序的社会环境为自然环境的持存性提供可靠的制度策略保障

自然保护地要保育生态资源、保护生物多样性及地质地貌景观多样性以维护自然生态系统健康稳定的持存性，需要社会环境有序的结构、功能、行为为其提供制度策略保障。

第一，通过构建有序的自然保护地体系空间与时间结构、框架与运行结构以维护自然环境的持存性。

在空间结构上，需将现有自然保护地及潜在区域进行整合归并，从国土空间层面统筹规划全国的自然保护地格局；在时间结构上划分出自然保护地体系重构期，国家公园体制试点及各类自然保护地规划建设期，以国家公园为主体的自然保护地体系形成期等不同阶段，各阶段在自然保护地建设时序上相互关联有效衔接。

在框架结构上，重新梳理原分属住建、国土、林业、环保等管理部门的各自然保护地，重构以国家公园为主体的自然保护地体系；建立包括中央层面的国家公园管理局、省级国家公园管理局及各自然保护地管理处的三级垂直管理结构；构建以《自然保护地法》为总则法、《国家公园法》及各自然保护地专项法规共同构成的法律保障体系。在运行结构上，通过制定一系列的管理规定使政府、企业、社会组织、社区居民及公众在监督管理、特许经营、公益服务、共建共享及提升保护认同意识等方面，参与自然保护地保护与建设的共同治理，形成相互协调的长效机制。

第二，通过制定有序的阶段步骤及相应的功能活动，维护自然环境的持存性。在自然保护地建设的时间轴上，明确划分出国家公园体制试点阶段，探索国家公园建设与运营的发展模式，探讨自然保护地体系重构方案以及推进国家公园及自然保护地的立法工作；国家公园全面建设阶段，在总结国家公园体制试点阶段的经验与教训的基础上探索制定国家公园建设运营、科研教育、对外交流、公益服务等各项管理规定，建设一批国家公园；自然保护地体系构建阶段，在突出国家公园主体性地位的基础上，按照自然资源不同的特征及保护程度要求，分等级全面建设不同功能的各类自然保护地以构建完整的自然保护地体系。

第三，通过制定有序的互动行为规则，维护自然环境的持存性。以公益事业取代商业活动，将民众体验活动规范在自然环境可承受的限度以内，避免商业化的过度耗费；以局部体验代替全面开放，将必要的科研活动及生态教育限定在特定空间，避免人为活动对自然演进带来过度干扰；以特许经营的方式提高必备配套服务准入门槛，避免无序的接待服务带来的超负荷环境承载量。

3.1.2.3 自然环境与社会环境互为演化动力并引导演化方向

自然保护地体系中的自然环境持存性与社会环境秩序性都是相对

的，在相互作用的过程中互为演化动力并引导演化方向。

自然环境与社会环境互为内部环境，二者之间的差异、矛盾，给对方造成的不适应性，导致产生变革需求及演化动力。一方面，稳定优质的生态环境，要求社会经济发展方式的变革，以经济高质量发展取代高速增长；另一方面，对美好生态环境及高品质生态服务的需求，需要健康和谐的生态系统，发挥山水林田湖草的整体性生态功能来实现。

此外，二者还互为引导其演化的方向。社会制度保障体系、创新的环境保护机制、高质量的经济发展模式以及对保护自然生态环境重要性的认同，促使破坏的自然环境得以恢复，碎片化的生态系统得以整合，整体性的生态安全格局得以建立，自然环境向着由低级到高级、简单到复杂的方向演化。生态安全格局的建立，生态产品的供给，生态服务的提升，促使社会环境向环境友好资源节约型社会、发展生态经济以及构建生命共同体转型演化。

3.2 自然保护地体系中的三个主要层级结构及其功能关系

在国家提出构建以国家公园、自然保护区及自然公园三级自然保护地为顶层设计的体系下，这些具有不同自然属性、生态价值及管理目标的自然保护地之间既相互关联，在国土空间上形成自然保护地群，又在自然保护地体系中处于不同的位置层级并发挥各自特有的功能。

国家公园的保护对象是具有全球价值、国家代表性及国民认同度高的自然生态系统，其自然资源的珍惜、独特、重要、富集的程度，使其保护价值与生态功能处于自然保护地体系中的主体地位，对自然生态系统进行最为严格的保护，同时为维护国家生态安全格局、为国民提供公益性生态产品服务。自然保护区保护的是面积较大的生态系统，其保护对象的典型、珍稀、集中的程度，使之处于自然保护地体系中的基础地位，对珍稀濒危物种栖息地起到维护和恢复作用。自然公园的保护对象除具有生态功能与价值，还兼具观赏、文化、游憩和科学价值，其保护强度相对较低及人的参与程度相对较高的特点，使之处于自然保护地体系中的补充地位。

在已建成的种类多样的自然保护地以及国土空间上具有生态功能尚未规划为自然保护地生态功能区的潜在区域中，需要根据国家公园、自然保护区与自然公园对自然生态保护程度以及提供功能服务的差异，通过归并、整合、新建、重置，建立定位清晰、分级合理、分类明确、功能互补的自然保护地体系。

3.3　自然保护地体系对外部环境的影响

国家公园、自然保护区及自然公园共同构成自然保护地体系，作为国家主要的生态本底是一个开放复杂巨系统，与城镇生活空间、农业生产空间共同构成复杂多元的国土空间体系。自然保护地体系从生态安全格局构建、生态产品供给及生态公共服务方面，对生活、生产空间都将起到积极影响。

自然保护地体系对于具有"中华水塔"之称的长江、黄河、澜沧江三江的源头，生物多样性极为丰富且最为复杂的生态系统热带雨林，东北虎豹、大熊猫等珍稀物种栖息地等生态区域进行保护。从国土安全层面看，整体性保护了山水林田湖草的生命共同体，以维护国家生态安全格局。从区域发展层面看，这些水源涵养、调蓄洪水、防风固沙、生物栖息等生态空间的确定，一方面将对优化城镇发展方向、城镇生活空间有序扩展及调整空间结构起到空间引导作用，另一方面对生产空间而言，水源质量、土壤环境的改善将对农产品品质提升起到空间屏障作用，从而保障生活、生产空间的安全。

自然保护地体系可以为生活、生产空间的使用者提供从物质到精神层面的生态服务，为生命生存、健康与发展提供保障。一是生态产品的供给，例如，提供优质饮用水源及水产品、中草药、植物果实种子等绿色产品；二是生态环境的调节，例如，通过涵养净化水源、气候调节、水土保持、防风固沙等减少自然灾害、改善人居环境；三是精神食粮的供给，例如，为生态旅游、科学考察、科普教育、情感寄托、审美享受、精神调节等提供文化体验的空间及对象；四是生存环境的支撑，例如，维护正常有序的地球化学循环、提供生命支撑系统等。

3.4　本章小结

面对以国家公园为主体的自然保护地体系这一开放复杂的巨系统，需要以有机论的世界观、涌现性的方法论及系统思维，探索出处理这一巨系统中存在的部分与整体、差异与同一、结构与功能、自我与环境、有序与无序、合作与竞争、行为与目的、阶段与过程等关系问题，通过对多样的统一、差异的整合、部分的耦合、行为的协调、阶段的衔接、资源的配置、总体的布局、长期的预测、目标的优化等路径，实现对以国家公园为主体的自然保护地系统性的有效保护与合理利用。

4 国家公园的世界演变与中国定位

4.1 世界国家公园的发展进程

4.1.1 国家公园推广建立阶段

自1872年黄石国家公园作为世界首个国家公园建立以来，国家公园历经一百余年的发展历程，截至2014年国家公园在世界上140个国家及地区建立，其中，北美有15国、大洋洲4国、非洲43国、欧洲31国、亚洲28国及地区及南美洲11国。国家公园在世界范围内的推广建立及数量增长呈现出3个阶段。第一阶段（19世纪）：国家公园的早期发展阶段，建立国家公园的有北美的美国、加拿大2国，大洋洲的澳大利亚、新西兰2国；第二阶段（1900～1950年）：国家公园的普及阶段，除大洋洲各大洲均有国家公园设立，其中，欧洲有瑞典、瑞士、西班牙、意大利、荷兰、希腊等16国，非洲有纳米比亚、南非、刚果、津巴布韦、肯尼亚等13国，南美有乌拉圭、智利、阿根廷、巴西等8国，亚洲有菲律宾、日本、印度尼西亚、印度等6国，南美洲有古巴和墨西哥2国；第三阶段（1950年至今）：国家公园的快速发展阶段，约有75%以上的自然保护地在这一时期建立，非洲国家增长最快，且有英国、法国、德国等欧洲发达国家加入，其中，北美有哥斯达黎加、多米尼加、海地、尼加拉瓜、洪都拉斯等11国，大洋洲有巴布亚新几内亚和萨默亚2国，非洲有多哥、坦桑尼亚、赞比亚、埃塞俄比亚、埃及等30国，欧洲有英国、法国、德国、奥地利、比利时等19国，亚洲有以色列、伊朗、泰国、韩国等26个国家和地区，南美有厄瓜多尔、秘鲁、巴拉圭3国建立国家公园❶。按照IUCN对保护地的分类，国家公园属于6种类型的保护地之一，根据IUCN数据库统计，世界上共已建立国家公

---

❶ 吴承照. 保护地与国家公园的全球共识：2014 IUCN世界公园大会综述［J］. 中国园林，2015，11：69-72.

园5219个❶。

4.1.2　国家公园的地区差异

自美国建立国家公园以来，"国家公园"的称谓被世界各国所接受和使用。各国基于各自的政治经济社会发展情况，在特定的时空条件下建立国家公园，使国家公园形成了文化嵌入式的地区差异化发展，提出了符合国情的国家公园准入要求，产生了不同的国家公园类型。

4.1.2.1　国家公园的准入条件

各国根据国家公园的本国定义，在国家公园设立的资源条件、建设条件、管理条件等方面提出了不同的准入标准。德国对建立国家公园提出了"具有非常重要的景观；具有平衡自然潜力的能力，具有特色的陆地景观、优美自然景色和进行自然保护的条件；面积超过10000hm^2；能够对濒危动植物进行科学考察和自然保护；能够在与自然保护不相冲突的前提下，向公众开放以进行教育和游憩"等准入条件❷。加拿大提出建立国家公园应首先确认典型自然景观区域，并对该区域从是否存在或潜在自然环境威胁的因素、区域开发利用程度、已有国家公园地理分布状况、地方和其他自然保护区的保护目的、为公众提供旅游机会的数量、原住民对该区域的威胁程度几个方面进行考评，然后从确认的这些典型自然景观区域中进一步挑选设立❸。日本国家公园的选择是根据其秀美程度和环境特点决定的，要求国家公园需是具有全国范围内规模最大并且自然风光秀丽、生态系统完整、有命名价值的国家风景及著名的生态系统。俄罗斯国家公园的设立主要依托具有特殊生态、历史和美学价值的自然综合体和物象，由俄罗斯联邦公共机构代表和联邦环境保护主管部门即俄罗斯联邦自然资源和环境部提出意见，报俄罗斯联邦政府批准公布❹。美国提出国家公园应具备国家重要性、适宜性、可行性和美国国家

❶ IUCN and UNEP-WCMC.（2014）The World Database on Protected Areas（WDPA）: April 2014. Cambridge, UK: UNEPWCMC.
❷ 陈耀华，黄丹，颜思琦. 论国家公园的公益性、国家主导性和科学性［J］. 地理科学，2014，3：257-264.
❸ 申世广，姚亦锋. 探析加拿大国家公园确认与管理政策［J］. 中国园林，2001，4：91-93.
❹ 王梦君，唐芳林，孙鸿雁，等. 国家公园的设置条件研究［J］. 林业建设，2014，2：1-6.

公园管理局（National Park Service，NPS）的不可替代性❶（表4-1）。

美国国家公园准入标准一览表

表4-1

标准	子标准	个案判定因子
国家重要性	是一个特定类型资源的杰出代表	资源代表性、价值独特性、公益性、完整性
	对阐明或解说作为美国国家遗产的自然或文化主题，具有独一无二的价值	
	可向公众提供"享受"这一资源或进行科学研究的最好机会	
	资源具有相当高的"完整性"	
适宜性	国家公园所代表的自然或文化资源，是否已经在国家公园体系中得到充分的反映	资源特征、质量与数量，综合资源情况，资源用于解说和教育的潜力
	代表的资源类型是否已在其他联邦机构、印第安部落、州、地方政府和私人机构的保护体系中得到充分反映	
可行性	规划及边界划定要能够保证其资源的可持续性保护并能提供美国人民享用国家公园的机会	占地面积，边界轮廓，对候选地及邻近土地现状和潜在的使用，土地所有权现状，公众享用的权利，获取土地、发展、恢复和运营等各项费用，可达性，对资源现状和潜在的威胁，资源的损害情况，需要的管理人员数目，地方规划和区划对候选地的限制，地方和公众的支持程度，命名后对经济和社会的影响，国家公园局资金和人员方面的限制
	美国国家公园管理局可以通过合理的经济代价对该候选地进行有效保护	
NPS不可替代性	经评估，清楚表明候选地由美国国家公园管理局管理是最优选择，别的保护机构不可替代，否则国家公园局会建议该候选地由一个或多个保护机构进行管理	民间保护机构、州和地方一级保护机构、其他联邦机构是否可替代国家公园管理局进行管理

资料来源：根据《美国国家公园入选标准和指令性文件体系》（杨锐，2004）绘制。

4.1.2.2 国家公园的类型

世界各国及地区根据自身情况建立的国家公园受土地资源数量、权

❶ 杨锐. 美国国家公园入选标准和指令性文件体系［J］. 世界林业研究，2004，2：64-36.

属的限制，国土空间所承载的资源属性、社会发展水平及历史文化等因素的影响，呈现出不同的类型。例如，以美国为代表的建立在广袤公共土地资源上的国家公园类型，国家公园被视为公共财产得到管理；以英国、德国、法国、意大利、日本、韩国为代表的建立在人口密度较高且受土地所有权限制条件下的国家公园类型，国家公园被视为受保护不能随意开发的区域，但其土地或其中的部分土地不一定属于国家所有；以欧洲国家为代表的建立在有限国土资源上面积较小的国家公园类型，这些国家公园是以保护本国历史人文及自然景观而设立。

4.1.3　国家公园的发展规模

根据IUCN的统计数据，全球保护地总面积$16.94 \times 10^6 km^2$，占全球陆地面积的12.85%，其中，被定义为国家公园的保护地面积为$3.37 \times 10^6 km^2$，占全球陆地面积的2.56%，占所有保护地面积的19.89%[1]（表4-2）。

IUCN全球保护地分类及占陆地面积比例（%）		表4-2
IUCN保护地分类	**保护面积（$\times 10^6 km^2$）**	**%**
Ⅰ：严格保护区和原野地	1.78	1.35
Ⅱ：国家公园	3.37	2.56
Ⅲ：自然历史遗迹或地貌	0.22	0.17
Ⅳ：物种/栖息地管理区	2.24	1.70
Ⅴ：陆地/海洋景观保护地区	2.63	1.99
Ⅵ：自然资源可持续利用保护区	3.37	2.56
其他	3.33	2.53
IUCN Ⅰ–Ⅳ	7.62	5.77
IUCN Ⅰ–Ⅵ	13.61	10.32
所有保护地	16.94	12.85

资料来源：引自《世界自然保护的发展趋势对我国国家公园体制建设的启示》（雷光春、曾晴，2004）。

---

[1]　雷光春，曾晴. 世界自然保护的发展趋势对我国国家公园体制建设的启示［J］. 生物多样性，2014，4：423-425.

4.2　世界国家公园的发展趋势

4.2.1　历届国家公园大会的主旨变迁

自1962年开始，在IUCN的领导和支持下，每十年组织召开一次世界公园大会，作为国际自然保护领域具有深远影响的国际性论坛，至今已举办了六届大会。参加该会议的有政府官员、专家学者、非政府组织及企业代表等业界人士，在总结保护地过去发展经验的基础上，就保护地的现状、面临问题及发展方向提出对策与建议。随着时代发展及全球化进程的推进，六次公园大会关注的主题及国际社会对保护地所达成的共识也随之变迁与完善。

1962年6月30日至7月7日，在美国西雅图召开了第一届世界公园大会，其主题为"世界保护地类型的定义与标准"。会议的目的是增进对国家公园的国际性理解，以促进国家公园运动在全世界范围内的进一步发展。

1972年在世界上首个国家公园黄石国家公园内及周边地区召开了第二届世界公园大会，此次大会的主题为"生态系统保护——制定世界遗产与湿地公约"。与设立黄石公园有相似初衷的超过1200家国家公园和自然保护地的相关人士参会，同时，此次大会也成为黄石公园建立的百年庆典。

1982年10月11日至12日，在印度尼西亚巴厘岛举行了第三届世界公园大会，大会主题为"可持续发展中的保护地，保护地中的发展援助"。该会议集中讨论保护地在社会持续性方面所扮演的角色，并制定了《巴厘行动计划》。

1992年2月10日至21日，在委内瑞拉加拉加斯召开第四届世界公园大会，主题为"全球变化与保护地，保护地分类与管理有效性"。该会议诞生了致力于为保护地制定出一个综合的战略行动计划即《加拉加斯行动计划》的构想，该计划是一个从1992年至2002年的长期性行动计划，为世界各地的保护地制定具体行动措施提供了全球性框架。五年后，在澳大利亚西澳大利亚州举行了奥尔巴尼会议，提出了保护地21世纪面临的根本性挑战，梳理了保护地的主要组成内容，以及达成新的愿景所需采取的行动，为2003年的大会提供了关键性议题❶。

2003年9月8日至17日，在南非杜班举办第五届世界公园大会，其主题为"超越国界的利益"。参加此次会议的除与世界国家公园有直接关系的各界代表，还有国际上具有影响力的如世界银行、全球环境基金等金融机构、产业集团以及非营利企业等。大会讨论的议题涉及保护地与社区关系、陆海统筹、跨区域合作、可持续金融与能力发展等。大会通过了《德班倡议》《德班行动计划》《生物多样性保护公约备忘录》等文件，为全球自然保护地下一个十年提出工作方向、重点及行动倡议❷。

2014年11月12日至19日，在澳大利亚悉尼举行第六届大会，主题为"公园，人与星球——激励措施"。该会议的主要成果包括：发布了保护地评价国际标准、世界自然遗产评估标准；更新了IUCN濒危物种红色名录；启动"绿化丝绸之路伙伴计划"；就保护地旅游与游客管理、旅游特许经营、能力建设提出了专项指南及手册；通过《悉尼承诺》，提倡关注原住民的利益及其在保护地事业中发挥的作用，号召人类把生态文明作为解决地球问题的重要准则，呼吁全球一起行动"恢复、修复和守护地球最珍贵资源——保护地"❸。

从上述历届世界公园大会主旨的演变可以看出，人类建立自然保护地的初衷从开始的单纯为了人类的生存保护自然转向追求可持续的人与自然的和谐发展，关注的视角从物种栖息地到自然生态系统再到社会生态系统，涉及的领域也在交叉渗透。

4.2.2 世界国家公园的发展理念演化

在历届世界公园大会主旨的引导下，形成了指导下一个十年保护地发展的行动计划，其中具有代表性的有第四届世界公园大会提出的《加拉加斯宣言》和第五届大会提出的《德班行动计划》，以及第六届大会上

---

❶ 罗杨，王双玲，马建章. 从历届世界公园大会议题看国际保护地建设与发展趋势［J］. 野生动物，2007，3：45-48.

❷ 李如生，历色. 保护全球化 跨国界受益——来自第五届世界公园大会的报告［J］. 中国园林，2003，11：74-78.

❸ 吴承照. 保护地与国家公园的全球共识——2014 IUCN世界公园大会综述［J］. 中国园林，2015，11：69-72.

所关注的超越往届的议题。

《加拉加斯宣言》提出了11条全球自然保护的目标及实现目标各国政府与国际机构需要履行的14条要求；并阐释了由于人口增长、对自然资源的过度消耗及不合理开发、全球污染及不健全的经济秩序，使得自然对人类的价值遭受极大损害，强调通过建立保护地以保护重要的自然生境及丰富的动植物区系的重要性。此外，主要就保护区的社会管理、监测管理、建设管理及运营管理四个方面，从社会、经济与政治，科研与教育，地区规划与保护区建设，人员培训与机构建设，保护区管理与财政支持等方面提出了行动建议[1]。

《德班行动计划》列出了未来十年内在保护地发展上要取得的包括：保护地在生物多样性保护中能扮演主要角色、保护地对可持续发展能做出全面贡献、形成包括海洋和陆地景观的全球性保护地系统、保护地都能得到有效的管理、当地人和社区在自然资源方面的权利与生物多样性保护都能得到兼顾、给涉及保护地的下一代人赋权、保护地得到体制上的大力支持、多种保护地的治理得到具体的落实、保护地的财政支持得到保证、保护地的角色和利益得到理解和承认的十项目标[2]。

第六次世界公园大会在认识上对国家公园等自然保护地的价值进行了重新定位；技术上倾向于对生态系统弹性测度提出全球标准；人与自然关系上注重研究自然保护地对人类身心健康的影响；经济价值上从关注保护地内在价值转向从资产与金融的角度关注保护地的社会、经济等价值；管理模式上提出了由政府管控，利益相关者共同管控，个体业主、非营利组织、营利组织等私人管控，土著人与地方社区管控四种模式；生态系统服务上关注保护地的游憩旅游功能，旅游收益作为世界保护地资金三大来源之一，门票、使用者费、游憩费、特许经营费等11项税费构成了旅游对资金的直接贡献。此外，大会还对基于先进技术的管

❶ 薛达元. 第四届国家公园与保护区世界大会简介［J］. 农村生态环境，1992（02）：64.
❷ 罗杨，王双玲，马建章. 从历届世界公园大会议题看国际保护地建设与发展趋势［J］. 野生动物，2007，3：45-48.

理模式，合伙、特许制度与监控等管理工具进行了探讨❶。

从几个重要的行动计划及历届会议议题关注内容的变化，可以看出，保护地的保护理念正在从国内保护走向跨国界保护，实现保护的全球化、网络化，凸显构建人类命运共同体的全球共识；从保护地孤岛式的保护走向关注社区的利益及获得社区的参与及支持，使生命共同体中的多利益主体获益；从关注单一的保护物种栖息地、生境，到与国家和地区发展规划、政策及法律融合，使管理更加有效；从单独建设、运营走向全球化背景下的各国政府的双边、多边合作，政府与非政府、企业与社区的多领域新型合作；从关注物种生存繁衍与生态环境的健康稳定到避免武装冲突及战争对地球资源的侵害，以推动世界和平与稳定；从定性研究向制定标准、量化测度、模式与工具探讨转变。

4.2.3 世界国家公园的多领域交融

历届世界公园大会的议题外延都较上一次大会更为广泛，关注范围从保护地被动、孤立的保护扩展到多元利益主体的利益，包括保护地中物种与物种、物种与生境、人与生境、人与物种、人与人等多重关系问题，涉及的学科领域从生物学、生态学及保护地具体的管理学领域拓展到社会学、经济学、政治学，逐步体现出自然保护地在区域综合发展中的重要性。从保护地的自然要素层面看，涉及生物学中的动物学、植物学、微生物学、生物化学、现代生物技术学、细胞及分子生物学、生物物理学、环境生物学等分支领域，就保护地物种细胞、遗传、生理等方面开展研究；以及生态学所关注的生物个体与周围环境的关系及生态系统中不同层级的有机体与环境的关系、生物多样性、受损生态系统恢复与重建、人与自然可持续发展等问题。从保护地的社会要素层面看，涉及社会学所关注的保护地现有社区及原住民的社会关系、社会互动、社会行为、社会生活等；经济学在微观层面所关注的生态产品生产与交易、生态服务供给与需求、保护与利用的成本与利润、价值评估与定

---

❶ 吴承照. 保护地与国家公园的全球共识——2014 IUCN世界公园大会综述［J］. 中国园林，2015，11：69-72.

价、市场边界与政府干预、多方博弈与均衡对策等；政治学所关注的维护公共环境权、健全环境资源治理体系、构建行政监督管理体制、完善环境资源诉讼体制、自然资源保护的国际合作等。只有在多学科的交融之下，以多元视角才能合理有效制定出国家公园及自然保护地的规划、监测、科研、运营、公益活动等具体的治理办法。

4.3　中国国家公园在世界国家公园发展中的定位

4.3.1　中国国家公园的发展阶段

在经历了具有国家公园部分特质的皇家园林、寺观园林的纵向代际传承发展，中华人民共和国成立以来，自然保护区、风景名胜区、国家森林公园、国家地质公园等各类自然保护地的横向分类发展等实践之后，这些分属林业、住建、海洋、国土等不同部门管理的多种类型的自然保护地，基本覆盖了我国重要的、典型的自然生态空间（表4-3）。2013年,《中共中央关于全面深化改革若干重大问题的决定》首次在中央层面提出建立"国家公园体制"。2015年,《中共中央　国务院关于加快推进生态文明建设的意见》提出建立国家公园体制的根本目是对自然生态和自然文化遗产原真性与完整性进行有效保护。《国务院批转发展改革委关于2015年深化经济体制改革重点工作意见的通知》提出要在9个省份开展国家公园体制试点（截止到2019年全国共设立11个国家公园体制试点区）。中共中央、国务院印发《生态文明体制改革总体方案》对国家公园的所有权、范围界定、保护利用、法律法规等问题提出指导意见，并要求在开展国家公园试点的基础上研究制定出建立国家公园体制的总体方案。2017年，中共中央办公厅、国务院办公厅印发《建立国家公园体制总体方案》，提出了建立国家公园体制具有宏观政策指引意义的总体框架。2018年，十三届全国人大一次会议第三次全体会议通过《中华人民共和国宪法修正案》，"生态文明"写入宪法。2019年，中共中央办公厅、国务院办公厅印发《关于建立以国家公园为主体的自

然保护地体系的指导意见》，标志着我国自然保护地建设进入了全面深
化改革的新阶段，提出2020年完成国家公园体制试点，设立一批国家公
园，2025年健全国家公园体制及初步建成以国家公园为主体的自然保护
地体系，2035年全面建成中国特色自然保护地体系的发展时序。目前，
全国11个国家公园体制试点区根据各自的特点，以国家公园为主体整
合原有的自然保护地，在自然资源确权、分级管理、运营机制、制度保
障、社区发展等方面，进行了不同程度的体制创新，正处在国家公园体
制试点实践评估、经验总结阶段，为建立真正意义上的国家公园做准备
（表4-4）。

中国主要自然保护地类型一览表 表4-3

自然保护地类型	建立时间（年）	数量（个）	管理部门
自然保护区	1956	2740	林业、环保、水利、农业、国土多部门
风景名胜区	1982	962	住建部门
国家森林公园	1982	2948	林业部门
世界遗产	1987	48	文保、住建、林业、水利、国土多部门
国家地质公园	2001	319	国土部门
水利风景区	2001	639	水利部门
国家湿地公园	2005	429	林业部门
海洋特别保护区	2005	67	海洋部门

资料来源：根据《IUCN自然保护地管理分类标准与国家公园体制建设的思考》等资料整理绘制。

国家公园体制试点区阶段性工作一览表 表4-4

试点名称	试点工作进程	面积（km²）
青海三江源国家公园体制试点区	中央深改组会议直接通过。整合各相关管理部门生态保护的管理职责，成立三江源国家公园管理局。编制《三江源国家公园总体规划》，制定了10个管理办法，形成了"1+N"制度体系。设立生态管护公益岗位，使贫困牧民分享公园保护的红利。提出至2020年正式设立三江源国家公园等	12.3万

续表

试点名称	试点工作进程	面积（km²）
湖北神农架国家公园体制试点区	国家发改委评审通过。整合原神农架、九大湖、林业管理局的保护管理职责，已成立神农架国家公园管理局。颁布《神农架国家公园保护条例》。编制《神农架国家公园体制试点建设2017年（白皮书）》。鼓励公众参与，优先选聘村民为护林、环卫等生态保护人员	1170
福建武夷山国家公园体制试点区	国家发改委评审通过。已成立武夷山国家公园管理局，由省政府垂直管理。颁布《武夷山国家公园条例（试行）》。提出了一系列有关资源保护管理、社会资金筹措、志愿者服务等的规章制度。将国家公园作为独立的自然资源登记单元，进行资源确权。拔除违规开垦的茶山，恢复造林。积极探索公众参与机制，村民可选聘联合保护委员会的服务人员，听取村民意见制定法规规章	982.59
浙江钱江源国家公园体制试点区	国家发改委评审通过。已成立国家公园工作委员会和钱江源国家公园管理委员会，由省政府垂直管理。编制《钱江源国家公园体制试点区总体规划（2016–2025）》。制定《钱江源国家公园山水林田河管理办法》，设巡回法庭，干部离任需进行自然资源审计。探索采用土地置换的方式解决集体林地占比高的问题	252
湖南南山国家公园体制试点区	国家发改委评审通过。已成立湖南南山国家公园管理局。湖南省人民政府办公厅颁布关于建立湖南南山国家公园体制试点区生态补偿机制的实施意见	619.14
北京长城国家公园体制试点区	国家发改委评审通过。建立国家公园体制试点工作联席会议制度。印发《北京市建立国家公园体制试点工作责任分工》。设立试点区管理委员会筹建办公室。制定自然资源统一确权登记实施方案。试点区的总体规划和相关专项规划正在研究制定中。探索以文化遗产保护带动生态系统的保育和恢复的模式	59.91
云南普达措国家公园体制试点区	国家发改委评审通过。2018年9月底完成整合归并原香格里拉普达措国家公园管理局与原碧塔海省级自然保护区管理所，成立新的普达措国家公园管理局。已完成试点区森林、湿地资源的调查确权	602
东北虎豹国家公园体制试点区	中央深改组第三十次会议通过。已成立东北虎豹国家公园管理局。编制《东北虎豹国家公园总体规划》。国有自然资源资产所有者权利和职责梳理整合意见上报工作已经完成。国有林地占比较高，探索自然资源所有权由中央直接行使。开展野外巡逻，严格规范承包经营活动，保护东北虎豹的生存空间。制定居民转移安置方案，分散居民集中安置，并扶持发展	1.49万
大熊猫国家公园体制试点区	中央深改组第三十次会议通过。已编制《大熊猫国家公园总体规划（征求意见稿）》《大熊猫国家公园白水江片区总体规划》。停止受理核心保护区和生态恢复区探矿权、采矿权、林木采伐审批。制定居民转移安置方案，分散居民集中安置，并扶持发展	2.7万

续表

试点名称	试点工作进程	面积（km²）
祁连山国家公园体制试点区	中央深改组第三十六次会议通过。《祁连山国家公园总体规划》批准印发。正加快编制综合管理规划、生态保护管理规划等7个专项规划，并组织制定国家公园各类技术标准和规范	5.02万
热带雨林国家公园体制试点区	中央深改委第六次会议审议通过。被列为海南自由贸易试验区12个先导性项目之一。海南热带雨林国家公园管理局揭牌成立。海南热带雨林国家公园总体规划送审稿已完成，正按程序报批。开始第一批生态搬迁安置	4400

4.3.2　中国国家公园的本土特色

4.3.2.1　体现环境公平的生态共荣空间

中国国家公园是承载着人与人、物与物、人与自然关系的生态空间，是实现经济、社会与环境可持续发展、体现环境公平、生态共荣的重要空间载体。环境公平包含代内公平、代际公平、区际公平及生命体间的公平。代内公平表现为国内、国际不同区际间的公平及同一世代生命体之间的公平，同时，代内公平的实现是保障代际公平的基础，代内的不公平延续到后代将导致更大程度的不公平。将山水林田湖草视为一个生命共同体，在这一生态伦理观指引下，为实现生命体之间的公平及生态共荣奠定了宏观理论基础；在绿水青山就是金山银山的理念之下，自然价值与自然资本得以统一，肯定了保护生态就是保护和发展生产力，取代了以环境资源为代价换取GDP高速增长，以可持续的经济发展方式实现代际公平；通过建立自然资源有偿使用、均衡性财政转移支付等制度进行生态补偿，实现代内公平及区际公平（图4-1）。

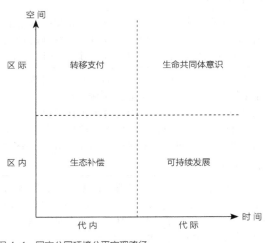

图4-1　国家公园环境公平实现路径

4.3.2.2　代表国家形象的精神象征空间

中国国家公园是承载"尊崇自然，绿色发展"的价值观念建设"美丽中国"的国家形象展示空间。国家公园是具有国家代表性乃至全球价值的生态与景观资源的区域，对国内而言，国民可以通过国家公园加深对国家的认知与认同，从而加强民族凝聚力与家园归属感；对国际而言，国家公园在全球的影响力，使之成为国际化的信息传递、国与国之间文化交流的媒介，是探索人与自然和谐共存的实践地，其秉承的生态伦理观、建立的生态文明制度、实行的可持续发展方式，可以充分展示出国家政治、经济、文化、生活方式及价值观念，是世界认知中国的重要窗口之一。

4.3.2.3　多元治理理念的改革实践空间

中国国家公园是推进国家治理体系和治理能力现代化的改革实践空间。国家公园自然资源资产的共有性质，提供生态产品及生态服务的非排他性，决定了受益对象是社会公众，因而，社会公众是国家公园的一系列公共事务的参与者，享有平等参与和协商共治的权利，也是治理现代化的参与者及推动者。国家公园在合理选址与规模确定、自然资源登记与确权、自然资源有偿使用与生态补偿、社区与园区共建共享、差别化的市场准入与特殊经营、公益活动与志愿服务、科学研究与生态教育、园区发展与国际交流等方面的建设与治理，需要各级政府、社会企业、非营利性组织积极参与改革实践，取得社会各界的认同与支持，释放社会活力，实现多元共同治理。

4.3.2.4　多领域融合下的有机系统空间

中国国家公园是多学科参与共建，多领域融合发展的有机系统空间。人类对自然关系的认识经历了从对象性认识到主体性认识再到整体性认识的三个发展阶段，国家公园包含自然环境要素与社会环境要素，要素之间相互依存、相互联系，要进行高质量的建设与运营，需要对国家公园所承载的各类生物、生物与生物、生物与生态系统、人与生物、人与人、人与生态系统的关系等一系列问题进行深入研究，涉及生物学与生态学、规划学与管理学、经济学与社会学、法学与政治学等多学科领域的交融。因此，国家公园作为一个有机整体，其研究范式需变单向思维、局部思维、孤立性思维为多向思维、整体思维、有机思维，从而将视野从关注人类、地区、当代转为面向人与自然、国家与地球、长远与未来。

4.3.3 中国国家公园的全球定位

4.3.3.1 可持续发展理念下的人类主体性定位演变

从无限增长、效益最大化，到认识到资源的有限性及环境风险的存在，再到提出可持续发展理念的实践进程中，具有抽象性的人类主体性定位经历了从思考和行为具有目标理性，追求物质性补偿最大化的"经济人"，到认为人不是独立的个体，在复杂社会中交往是人们行为的主要动机的"社会人"，再到追求个人与他人、人类自身完善及人与自然共生的"生态人"的理论假设的演变。国家公园是实施可持续发展战略及践行生态文明理念的生态综合体，与之相关联的人需要具有"生态人"的特征，即具有整体性世界观、生态伦理素养和生态环境意识，对人与自然的关系问题能作出符合生态原则的评价，能制定符合经济、社会、生态相统一的综合效益原则，统筹当代与未来的生态治理策略。

4.3.3.2 生命共同体意识下的生物圈共同福祉追求

人类社会长期以来与环境的相互作用方式，导致对"人均国民生产总值"增长的一味追求，使之成为衡量发展水平的重要指标。这种单一性经济指标考核，带来了环境资源破坏等不利影响。在构建生命共同体意识之下，需要建立更能全面反映国家整体水平及文明程度的指标体系，例如，包括政府善治、经济增长、文化发展及环境保护四大方面测度的"国民幸福指数"，考虑自然资源及环境因素影响之后的国民经济增长的净正效应的"绿色GDP"，全面反映社会各方面发展水平的"社会进步整体性指数"，以及反映个体、共同体及自然共同福祉的"生物圈繁荣发展指数"等。国家公园首要目标是以保护生态系统及实现全民公益性，追求生物圈的共同福祉，其建立、发展的过程为合理、有效、系统建立更大范围内的"生物圈繁荣发展指数"指标体系，提供了实证研究的生动范例。

4.3.3.3　生态文明实践过程中的全球问题解决方案探索

在"经济人"与"生态人"，灰色的"工业文明"与绿色的"生态文明"的冲突之中，生态危机治理需要有机的生态思维及长远的整体视野。面对全球性的生态危机，自然生态系统的连续性、整体性与人类主权国家的分割性、地方性之间的矛盾，需要跨越政治区域和国家边界的划分，以全球视角才能建立起经济理性、社会公正及环境公平的生态文明实践制度构架共识，实现内在可持续的生态文明。国家公园是具有全球辨识度及生态价值的生态空间，其生态系统的连续性、完整性、原真性需要跨越区域、国界进行全球性的整体规划与保护，比如：分布有中国最重要海岛、红树林、海草床等热带海洋生态系统的中国南海。通过开展政府之间、国际组织与各国政府、非政府环境组织与国际组织、跨国公司与政府合作等方式，推动国际环境的全球治理，例如，开展对自然资源有效保护与自然资本的合理利用，降低资本带来的为持续扩大利润导致的环境破坏，以及资本全球化导致消费主义文化侵蚀人类家园整体性等问题的研究。通过对国家公园理念嵌入的本土化、生态系统的整体性保护、为公众提供公益性服务、开展跨区域间国际合作、发挥自然资本价值等实践路径的探索，为人类面临的全球性问题解决提供中国方案。

4.4　本章小结

新时代我国提出建立以国家公园为主体的自然保护地体系，在全面开展国家公园体制试点，准备筹建真正意义上的国家公园的关键阶段，中国国家公园需在世界国家公园的总体发展进程与趋势中立足本国实际，看到世界国家公园的主旨变迁与理念演化，吸取不同国家的实践经验，并从中确立自己的时代价值、本土特色与全球定位，为世界国家公园建设及全球生态文明建设提供中国方案。

5 国土空间规划体系下以国家公园为主体的 自然保护地体系构建❶

2012年11月，十八大报告提出将生态文明建设纳入中国特色社会主义事业"五位一体"总体布局以来，国家出台了一系列关于国土空间规划的相关政策。2018年3月，国务院整合国土资源部的职责，国家发展和改革委员会组织编制主体功能区规划的职责，住房和城乡建设部的城乡规划管理职责，水利部的水资源调查和确权登记管理职责，农业部的草原资源调查和确权登记管理职责，国家林业局的森林、湿地等资源调查和确权登记管理职责，国家海洋局的职责，国家测绘地理信息局的职责，组建自然资源部，完成了行政管理架构上的整合重组。自然资源部通过建立自然资源确权登记与有偿使用、国土空间用途管制制度，建立国土空间规划体系并监督实施等途径，统一对自然资源开发利用和保护进行监管，完成了行政管理架构上的整合重组。2019年5月，中共中央、国务院印发了《关于建立国土空间规划体系并监督实施的若干意见》。国土是生态文明建设的空间载体，国土空间规划是国土空间治理和实施可持续发展战略的空间蓝图，整合各类空间规划，体现生态优先、绿色发展理念促进生态文明建设的国土空间规划体系正在建立。2019年6月，《关于建立以国家公园为主体的自然保护地体系的指导意见》正式印发，标志着我国自然保护地进入全面深化改革的新阶段，在空间规划体系重组变革、逐步建立的过程之中，以国家公园为主体的自然保护地作为国土空间中的生态空间，与国土空间规划体系包含的规划编制审批体系、实施监督体系、法规政策体系与技术标准体系四个子体系衔接，完成体系构建所面临的一系列问题值得深入探讨。

---

❶ 本章内容以题为《以国家公园为主体的自然保护地体系构建——基于国土空间规划体系》的文章在《中国土地》2020年第4期（总第411期）上发表。

5.1　国土空间规划编制审批体系中的自然保护地规划编制与衔接问题

国土空间规划的编制审批体系分为"五级三类"。

按照空间尺度和行政管理深度国土空间规划划分为国家级国土空间规划、省级国土空间规划、市级国土空间规划、县级国土空间规划和乡镇级国土空间规划五个层级。各级规划内容的侧重点不同，充分体现一级政府一级事权，针对国土空间进行全域全要素的规划管控。以国家公园为主体的自然保护地所保护的对象涉及完整的生态系统、物种栖息地、特色自然资源分布地、自然遗迹等，往往尺度较大且不以行政区划为边界。自然保护地这一生态空间范围的确定，需在"多规合一"的技术平台上，在体现战略性的国家级国土空间规划和协调性的省级国土空间规划编制阶段，坚持山水林田湖草生命共同体理念，从全国的生态资源保护、生态产品供给及生态安全格局构建的角度，依据生态资源的分布跨行政区划统筹划定。在体现传导性的市县级国土空间规划与实施性的乡镇级国土空间规划编制阶段，需遵循上位规划对自然保护地的要求逐级精确自然保护地的边界，保证其精准落地。

按照规划编制重点的不同，国土空间规划分为总体规划、详细规划和专项规划。总体规划是具有战略意义的纲要、详细规划是体现实施性的规定、专项规划是对特定区域开发或保护的安排。❶自然保护地规划一方面属于强调专业性的专项规划，由所在区域或上一级自然资源主管部门牵头，针对这一生态空间的资源保护与利用，组织编制规划，并报同级政府审批。另一方面，该专项规划需遵循总体规划，自然保护地的界线范围与总体规划保持一致，局部可进行合理的深化与细化调整，并遵循总规中制定的强制性要求；在确定自然保护地内必须集中建设区域其保护与利用的强度控制上，又需在该区域的详细规划中明确各项控制指标，以便操作实施。

---

❶　焦思颖. 将国土空间规划一张蓝图绘到底［N］. 中国自然资源报，2019-05-29（001）.

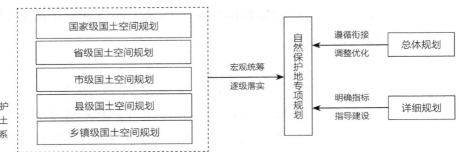

图5-1 自然保护地专项规划与国土空间编制审批体系的关系

在国土空间"五级三类"编制审批体系中，自然保护地的定性、定量、定界问题在五个层级的国土空间规划中逐级深化与精确。自然保护地专项规划需遵循上位总体规划，对需要进行建设的地块将其纳入该区域的详细规划并提出强度控制要求，此外，对自然保护地资源保护与利用提出定位、定界、定量、定形、定序等完整的规划建设模式及管控要求（图5-1）。

5.2　国土空间规划实施监督体系中的自然保护地规划实施与监管问题

国土空间规划实施监督体系包括国土空间规划的实施与监督管理，由实施、监督、检查、监测、预警、评估、考核、调整完善等管理流程构成。

在国土空间实施管理方面，为强化国土空间规划实施的权威性，整合现状、规划、管理、社会经济数据搭建国土空间规划"一张图"实施监督信息平台，对国土空间规划实施情况进行监察❶。以国家公园为主体的自然保护地在编制专项规划时需遵循上位国土空间规划，批复后纳入同级国土空间规划"一张图"实施监督信息系统，审查时与"一张图"

---

❶ 林坚，吴宇翔，吴佳雨，等. 论空间规划体系的构建——兼析空间规划、国土空间用途管制与自然资源监管的关系［J］. 城市规划，2018，5：9-17.

核对，以维护国土空间规划实施的权威性。

在国土空间监督管理方面，依托国土空间规划"一张图"，上级自然资源主管部门会同有关部门，组织对下级国土空间规划中管控要求的落实进行监督与检查，对资源环境的承载力进行监测与预警，对国土空间规划开展定期评估与考核，并对其进行动态调整完善。自然保护地按生态系统重要程度划分为中央直接管理、中央地方共同管理和地方管理三种类型，由中央、省政府及省政府批准的管理主体分别对其监督管理。以分级事权、事权对应为原则，管理主体对自然保护地进行监督，主要体现在对生态环境状况与环境承载能力的监测，自然资源确权与国土空间用途管制落实情况的监督，自然保护地遴选设立、晋（降）级调整、撤销退出规则与评估体系建立的监管等，建立实时监测预警、动态调整的机制。

在国土空间规划实施监督体系中，自然保护地是国土空间规划"一张图"中的子系统。其规划的编制与实施应与"一张图"衔接，以维护国土空间规划的权威性。作为生态空间的属性，决定了除应按照国土空间监督管理的一般性程序对其监管，还应具有围绕自然资源展开的确权登记、用途管制，生态环境承载力监测，自然保护地综合功能评估等特殊监管内容，以体现空间治理的针对性和有效性（图5-2）。

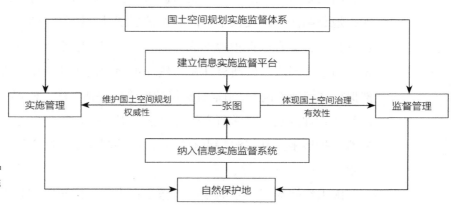

图5-2 自然保护地与国土空间实施监督体系的关系

5.3 国土空间规划法规政策体系中的自然保护地立法理念问题

法规政策体系是国土空间规划体系有效建立与正常运行的保障。

国土空间规划是对主体功能区规划、土地利用规划、城乡规划等现有空间规划的统一协调与融合，在法规政策方面，需在研究现有相关法规、政策的基础上，针对国土空间规划、国土空间开发与保护以及一系列不同性质的国土空间开展专项立法。《国土空间规划法》对规划的层级、编制、审批、实施、修改、督查、惩罚等内容及程序作出规定。《国土空间开发保护法》对国土空间规划、自然资源产权制度、国土空间用途管制、保护与利用绩效评估考核制度等作出规定。不同国土空间的专项法，分别针对生态、生产、生活空间，如海洋、森林、湿地、农田、城镇等提出专项用途管制及相关制度要求，以完善国土空间规划的相关制度建设。

国土空间规划是促进生态文明建设的规划体系，统筹国土空间的保护、开发、利用、修复与治理。自然保护地是国土空间规划体现生态优先、绿色发展的重要空间载体，实行特殊保护制度。在重构以国家公园为主体的自然保护地体系过程中，需对现有各类自然保护地涉及的相关法规、规章、政策进行梳理，比如，《自然保护区条例》《风景名胜区条例》《国家级森林公园管理办法》等。作为国土空间中的生态空间，受国土空间规划法、国土空间开发保护法的管理制约，并与之衔接形成自然保护地总则法，以及根据不同的保护程度针对国家公园、自然保护区、自然公园各类自然保护地形成一系列的法律、法规、规章体系，如：制定《国家公园法》以凸显其在自然保护地中的主体地位；修改完善《自然保护区管理条例》；制定自然保护地管理评估办法、监督检查办法、特许经营管理办法、科学研究管理办法、对外交流管理办法等；对重要的自然保护地根据其资源特点有针对性地编制规划、制定管理办法及年度计划，实行"一地一法"。

国土空间规划体系的立法工作正在进行，国土空间是生产、生活、生态空间的集合，涉及社会、经济、文化、自然等要素，以国家公园为

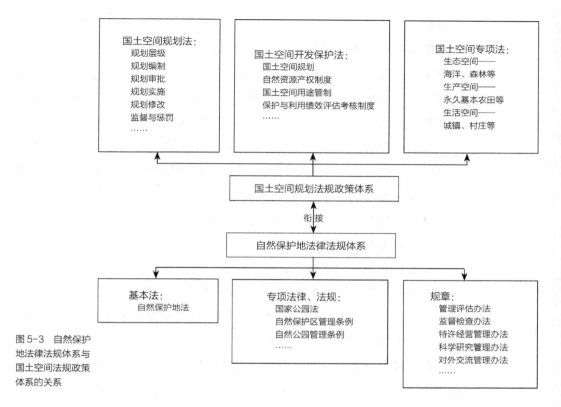

图5-3　自然保护地法律法规体系与国土空间法规政策体系的关系

主体的自然保护地体系作为生态空间与之紧密联系。自然保护地的立法除涉及对山水林田湖草这一生命共同体的有效保护，还需协调生态保护与区域经济社会发展等人地关系，因此，需与国土空间规划法规政策体系有效衔接，综合平衡生态保护、经营管理、科研交流等之间的关系，以系统思维为理念，建立自然保护地综合调控的法律制度体系，使法律空间化❶（图5-3）。

5.4　国土空间规划技术标准体系中的自然保护地标准建立问题

技术标准体系是保障国土空间规划体系构建、运行、完善的技术制

❶　吕忠梅. 关于自然保护地立法的新思考［J］. 环境保护，2019，Z1：20-23.

度依据。

　　整合主体功能区规划、土地利用规划、城乡规划形成"五级三类"的国土空间规划编制审批体系，需由自然资源部牵头，对现有的土地利用规划、城乡规划的相关技术标准进行重构，建立各级各类国土空间规划编制审批技术标准。例如，针对国土空间规划所涉及的坐标系统、国土基础数据调查、土地用途分类、信息技术平台、编制审批程序、双评价等内容，制定国土空间规划技术规范、国土用途分类标准、资源环境承载能力评价标准、国土空间开发适宜性评价标准、国土空间规划编制审批办法以及各类专项规划标准等，统一形成完整的综合、基础、通用、专用的技术标准体系。

　　国土空间规划技术标准体系的建立，为自然保护地规范体系的构建提供了依据，如：统一的坐标、基础信息与实施监督信息技术平台，国土空间全覆盖的土地用途分类，各级各类规划编制审批程序等。在统一、共用的国土空间规划技术标准体系之下，作为国土空间中的生态空间，自然保护地需在以国家公园、自然保护区、自然公园为顶层设计的框架之下，归并整合现有的各类自然保护地，建立自然保护地分类体系标准；自然资源的调查、分类、评分与定级标准；自然保护地监督管理信息系统技术规范；针对不同的自然保护地制定相应的准入标准、规划编制技术规范、建设与管理规范、考核评估标准等；形成从资源调查、准入设立、规划建设、实施评估到调整完善全过程的自然保护地技术标准体系。

　　在国土空间规划技术标准体系之下针对生态空间构建自然保护地标准体系，标准体系之间形成上级与下级、共性与个性的层级结构关系。自然保护地标准体系以保护生态环境为主要目标，各项标准按照内在联系与顺序形成相互衔接与配套的程序结构关系，在国土空间规划技术标准体系之中构成一个体现科学性、全面性、系统性和预见性的自然保护地标准子体系（图5-4）。

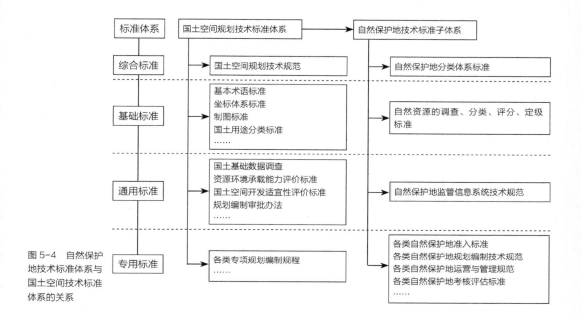

图 5-4　自然保护地技术标准体系与国土空间技术标准体系的关系

5.5　本章小结

以国家公园为主体的自然保护地体系涉及生态资源、人文资源、社会经济等要素，是以保护生态环境为主要功能的有机体。同时，作为国土"三生"空间中的"生态"空间，与"生产、生活"空间共同构成促进生态文明建设、引领高质量发展的空间载体。生态空间作为国土空间的一部分，以国家公园为主体的自然保护地体系即是国土空间规划体系的子体系，与国土空间规划中编制审批体系、实施监督体系、法规政策体系及技术标准体系相互关联。在以国家公园为主体的自然保护地体系构建过程中，既应将其作为具有独特要素、结构、功能的有机体，又应将其放在国土空间规划体系这一更高层级的系统中统筹建立，以服务于体现国家意志、国家治理体系现代化等更具全局性、更高层级的总体目标。

建构篇
体系与边界

　　自然保护地体系重构、国家公园边界划定是建立以国家公园为主体的自然保护地体系、建设国家公园面临的首要问题。在国家提出建立以国家公园为主体、自然保护区为基础、自然公园为补充的自然保护地分类体系顶层设计下，如何重构类型全面、层次清晰、管理目标明确的自然保护地体系值得展开探讨。海南是位于中国最南端全国唯一拥有热带雨林及热带海洋的岛屿型省份，以海南为例开展这方面问题的研究，可以为国家层面的自然保护地体系重构及国家公园建设提供区域性的海南经验。在国家公园边界划定方面，目前11个国家公园体制试点区的边界划定呈现出多样化的特点，在实践中如何适应生态系统的动态性、满足利益主体诉求的多元性及体现规划管理的层次性，以此缓解国家公园与周边区域的二元对立，实现自然资源严格保护与社会经济可持续发展的区域协调，仍需深入研究。

6 自然保护地体系重构的历史与现实，原则与路径——以海南省为例

2019年1月23日，中央全面深化改革委员会第六次会议审议通过《关于建立以国家公园为主体的自然保护地体系指导意见》，该意见是我国建立以国家公园为主体的自然保护地体系的根本遵循和指引，针对自然保护地体系构建提出按照生态价值和保护强度高低，整合现有自然保护地类型，建立"以国家公园为主体、自然保护区为基础及各类自然公园为补充"的自然保护地管理体系。此次会议还审议通过了《海南热带雨林国家公园体制试点方案》。海南热带雨林国家公园成为全国第十一个开展国家公园体制试点的区域。通过开展海南热带雨林国家公园体制试点，撬动海南省自然保护地体系重构，建立以国家公园为主体的自然保护地体系，是海南省在建设生态文明试验区进程中面临的重要问题，也是对国家层面深化重构自然保护地体系进行的区域性探索。

6.1 自然保护地体系重构的国际经验借鉴与本土实践探索

6.1.1 国际经验借鉴

6.1.1.1 IUCN自然保护地分类体系

IUCN自1962年开始，对世界自然保护地进行国际性的命名和分类，于1994年出版了《IUCN自然保护地管理分类应用指南》，分别于2008年、2013年补充了新的内容并再版，该指南提出了保护地的6种类型。这六种用地分类体现出代表性、综合性和平衡性，充分性，连贯性和互补性，一致性，成本、效率和平等性五大特点，成为用于划分自然保护地类型

的全球性标准❶。从保护对象、自然程度、人工干预、资源利用四个方面将6类自然保护地的保护对象及管理目标梳理如表6-1。

IUCN 6类保护地的保护对象及管理目标　　　　　　　　表6-1

分类		名称	保护对象与管理目标	
第Ⅰ类	第Ⅰa类	严格的自然保护地	保护对象	对区域、国家或全球具有重要意义的生态系统、物种或地质多样性
			自然程度	最原始的自然状态
			人工干预	禁止人类活动
			资源利用	禁止资源利用
	第Ⅰb类	荒野保护地	保护对象	保护其长期的生态系统完整性
			自然程度	大部分保留原貌，仅有微小变动
			人工干预	未受到人类活动的明显影响，只有原住民和本地社区居民在内定居，允许干扰程度最小的教育和科研
			资源利用	生态系统过程不受开发或大众旅游等人类活动影响
第Ⅱ类		国家公园	保护对象	大尺度的生态过程，以及相关物种和生态系统特性
			自然程度	被保护的生态系统面积很大并且保护功能良好
			人工干预	允许在限定的区域内开展科学研究、环境教育和旅游参观
			资源利用	体现公益性，为公众提供环境与文化兼容的精神享受、科研、教育、娱乐、参观的机会
第Ⅲ类		自然文化遗迹或地貌	保护对象	自然文化遗迹或地貌
			自然程度	一个或多个显著的生态特征以及相关的生态，不涉及更广泛的生态系统
			人工干预	在严格保护的前提条件下，可适度开展科研、教育和旅游参观
			资源利用	通过对自然历史文化遗迹的保护，为人们提供环境、文化教育的机会，促成对已开发或破碎景观中的自然栖息地的保护

❶　朱春全. IUCN自然保护地管理分类与管理目标［J］. 林业建设，2018，5：19-26.

分类	名称		保护对象与管理目标
第Ⅳ类	栖息地/物种管理区	保护对象	保护或恢复全球、国家或当地重要的特殊物种或栖息地。通常面积较小
		自然程度	其自然程度与上述几类比相对较低
		人工干预	无法自我维持，需要定期积极干预，以满足特定物种的需要或确保栖息地的存在
		资源利用	不严格禁止人类活动，可开展科研活动
第Ⅴ类	陆地景观/海洋景观自然保护地	保护对象	人类和自然长期相处所产生的特点鲜明的区域。保护和维持重要的陆地和海洋景观的相关自然保护价值，以及由传统管理方式通过与人互动而产生的其他价值
		自然程度	所有自然保护地类型中自然程度最低
		人工干预	持续的人为干预活动才能维持这些自然、自然景观和文化价值
		资源利用	人和自然长期和谐相处形成独特的陆地和海洋景观价值和文化特征，如：可持续农业、可持续林业、人类居住和景观长期和谐共存的资源利用模式
第Ⅵ类	自然资源可持续利用自然保护地	保护对象	保护生态系统、栖息地以及承载文化价值和体现传统自然资源管理制度的区域
		自然程度	面积较大，大部分处于自然状态，其中小部分处于可持续自然资源管理利用之中
		人工干预	将自然资源的可持续利用作为实现自然保护目标的手段
		资源利用	自然资源非工业化的可持续管理利用，实现自然保护和资源可持续利用的相互兼容

资料来源：根据《IUCN保护区管理分类应用指南》整理。

从表6-1中上可以看出，第Ⅰb、Ⅱ、Ⅴ、Ⅵ类面积通常较大，第Ⅰa、Ⅲ、Ⅳ类相对较小。第Ⅰ、Ⅱ、Ⅲ类保护地自然状态保持度较高，为保护关键生态系统、濒危物种及其生境，避免或降低人为干预；第Ⅳ类保护地需要通过积极的人工干预达到保护物种和栖息地的目标；第Ⅵ类保护地通过小面积资源的可持续利用达到保护大面积自然资源的目标；第Ⅴ类保护地人工干预度最高，通过人工干预与自然建立起长期的和谐共生关系。从分类的可操作性来看，各类保护地名称不够明确，容易导致保护地与该标准体系的分类难以形成一一对应的关系；缺乏量化标准，等级之间没有体现保护或利用比例的关系，使得保护地难以以资源保护与利用的程度界定其类型❶。

6.1.1.2 多国自然保护地分类体系

由于各国自然资源条件、社会制度、经济发展水平、生态保护力度存在显著差异，且建立自然保护地的历史背景不同，各国的保护地类型划分呈现出多样性。将8个有代表性的国家采用的管理模式及形成的自然保护地类型梳理如表6-2：

8个代表性国家自然保护地类型

表6-2

国家	管理模式		保护地类型
新西兰	单一部门垂直管理	国家保护部负责的管理权分置模式	国家公园、森林与保护公园、各类保护区（自然保护区、科学保护区、风景保护区、历史保护区、娱乐保护区），海洋保护区、海洋庇护所、荒野地、生态区域、水资源区域
德国		环境保护部负责的地方直管模式	国家公园、自然公园、生物圈保护区、自然保护区、景观保护区
巴西	单一部门分级管理	环境保护部统筹下的管理权分置与多主体参与模式	生态站、生物保护区、国家公园、自然纪念地、野生生命庇护所、环境保护区、生态价值区、国家林地、可采伐保护区、合理开发的保护区
俄罗斯		环境保护部门统管的三级模式	国家级自然保护区、国家公园、自然公园、国家级自然庇护所（禁猎、禁伐、禁渔区）、自然纪念地、森林公园和植物园
美国	多部门垂直管理	基于土地所有权和土地用途的分治模式	国家公园、国家野生动物保护区、国有林地、荒野地、印第安人保留区
日本	多部门分级管理	公众参与的分类分级模式	国立公园、国定公园（准国家公园）、自然环境保全区、保护林及保存林
南非		利用导向下的分级分类模式	国家公园、特殊自然保护区、海洋保护区、植物保护区、森林自然保护区、荒野区
澳大利亚		多方合作的分类分级模式	严格自然保护区、原生自然保护区、国家公园、自然遗址保护区、物种栖息地保护区、自然景观保护区、自然资源保护区

资料来源：参照《中国自然保护区域管理体制：解构与重构》等资料绘制。

---

❶ 蒋志刚. 论保护地分类与以国家公园为主体的中国保护地建设［J］. 生物多样性，2018，7：775-779.

从表6-2中可以看出，各国根据本国国情，采取不同部门分工或由一个部门主管，垂直或分级管理的模式，对自然保护地进行分类、分级、分部门管理。保护地类型基于不同的管理目标，按照生态资源或用地分类划分为几大类型，并与管理部门形成对应关系，呈现出特色鲜明与多样化的分类体系。

6.1.1.3　本节小结

这些国家的自然保护地体系对比IUCN的自然保护地分类体系，主要分为三种类型：一类是早于IUCN分类体系的美国体系，该国的早期实践成为IUCN保护地体系构建的重要参考；第二类是完全按照IUCN分类体系，指导建立本国国家层面的自然资源保护层级，如：澳大利亚体系[1]；第三类是参照IUCN分类体系，按保护和可持续利用的程度不同构建本国分类体系，如：巴西体系[2]。总体来看，虽然各国大多没有严格按照IUCN划分的类型来构建本国的保护地体系，但都遵循了按资源保护与利用程度的不同，进行分类体系构建的内在原则，在建立本国自然保护地体系的同时为促进自然保护地的国际交流与合作奠定了基础。

6.1.2　本土实践探索

在以建立国家公园为主体的自然保护地体系为契机，对自然保护地进行整合重组的过程中，学者们从管理目标、资源利用、生态服务、国土保护和管理强度等角度提出了多样化的研究方案，成果梳理如表6-3所示。

---

[1]　王祝根，李晓蕾，史蒂芬·J·巴里. 澳大利亚国家保护地规划历程及其借鉴［J］. 风景园林，2017，7：57-64.

[2]　庄优波. IUCN保护地管理分类研究与借鉴［J］. 中国园林，2018，7：17-22.

我国自然保护地分类体系构建的几种类型　　　表6-3

分类依据	分类类型	代表学者及分类理念
管理目标与主导功能	国家自然保护区（严格自然保护区、栖息地物种保护区、资源管理保护区）	束晨阳认为新的分类既不能"另起炉灶"，又需要与"国际接轨"，参考IUCN分类标准，基于管理目标与功能提出3大类型[1]
	国家公园（荒野型国家公园、名胜型国家公园）	
	国家景观保护地（风景名胜区、森林公园、地质公园、湿地公园、水利风景区）	
国土保护	国家生态保存区（荒野保存地、动植物栖息地、自然保护地、海洋生态保护地）	吴承照在国土保护层面提出中国国家保护地管理类别体系[2]
	国家公园（国家公园、国家风景名胜地、国家游憩地、国家文化圣地、国家遗址纪念地、国家森林公园、国家地质公园、国家湿地公园、其他）	
	国家农业遗产地（国家农业文化景观、国家林业文化景观）	
生态系统服务	国家公园（综合服务保护）	吕偲等通过分析保护地的定义、内涵与体系层次，认为保护地的保护目标可限定为生态系统服务，并以此作为分类依据[3]
	自然保护区（支持服务保护）	
	景观公园或景观保护区（文化服务保护）	
	生态功能保护区（调节服务保护）	
	资源保护区（供给服务可持续保护）	
管理强度	国家公园（严格保护）	唐小平等以管理强度为主线，按照严格保护、重点保护、生态保育三个层级的管理目标提出六种类型的保护地[4]
	自然保护区（严格保护）	
	野生生物保护区（重点保护）	
	自然遗迹与景观保护区（重点保护）	
	自然资源保育区（生态保育）	
	社区生态保育区（生态保育）	

❶　束晨阳. 论中国的国家公园与保护地体系建设问题［J］. 中国园林, 2016, 7: 19-24.
❷　吴承照. 中国国家公园模式探索: 2016首届生态文明与国家公园体制建设学术研讨会论文集［C］. 北京: 中国建筑工业出版社, 2017, 45.
❸　吕偲, 曾晴, 雷光春. 基于生态系统服务的保护地分类体系构建［J］. 中国园林, 2017, 8: 19-23.
❹　唐小平, 栾晓峰. 构建以国家公园为主体的自然保护地体系［J］. 林业资源管理, 2017, 6: 1-8.

分类依据	分类类型	代表学者及分类理念
生态功能	自然保护区（自然保护、自然保护小区）	欧阳志云等整合不同类型保护地的功能定位与管理体制，提出建立管理目标明确的六类生态功能区❶
	国家公园	
	物种与种质资源保护区（水产种质资源保护区、种质资源原位保护区）	
	自然景观保护区（地质公园、风景名胜区、森林公园、湿地公园、水利风景区、矿山公园、沙漠公园、海洋特别保护区）	
	自然资源可持续利用自然保护地（生态公益林）	
	生态功能保护区（重点生态功能保护区、水源保护区）	

这些学者结合我国保护地分类的实际，参照IUCN分类标准，按照不同的分类依据对我国现有的保护地进行了梳理、整合。为理顺我国自然保护地体系，深化细化顶层设计方案提供了多元的研究思路。

6.2 自然保护地体系重构的方法与原则

6.2.1 采用的方法

自然保护地体系重构采用生态系统方法，将自然保护地放置在完整生态系统的空间尺度与联系之中，整合自然保护地与土地、水资源、其他生物资源的关系，以及保护地之间的联系，使自然保护地成为生态保护的重要工具；综合生态、社会、经济三方面因素，协调利益主体的关系，以满足人类对生态体系服务的需求及实现生态系统的可持续性。

6.2.2 遵循的原则

6.2.2.1 明确管理目标导向原则

评估保护对象的资源价值，确定其保护与利用的强度，制定合理的

---

❶ 欧阳志云，徐卫华，杜傲，等. 中国国家公园体系总体空间布局研究［C］. 北京：中国环境科学出版社，2018.

管理目标。在明确的管理目标导向下按照对自然资源保护与利用的等级重新对保护地进行分类定级。

6.2.2.2　协调国土空间规划原则

遵循国土空间主体功能区的划分，以适宜的经济发展方式和资源配置效率为导向，将空间规划与生态保护相结合，采用区分、增减、整合等方式，重新梳理各自然保护地在国土空间的分布，优化生态空间结构。

6.2.2.3　资源的可持续利用原则

落实自然资源产权制度，合理区分具有高等级保护价值的自然资源与具有旅游吸引力的旅游资源，避免公益性质的自然资源保护事业与实行市场经济体制的产业混杂，划清自然保护地与旅游景区的界限，实现资源的可持续利用。

6.2.2.4　整合多元生态要素原则

增强自然保护地之间的内在联系，在国土空间尺度下，依据生态格局，通过生态系统方法将现有保护地通过绿色廊道、生态网络联系起来，减缓单一要素化设立的保护地形成的"孤岛效应"，形成"连通性保护"，整体提升生态功能[1]。

6.3　海南自然保护地体系重构面临的主要问题与方案建议

海南省自1976年设立第一个自然保护区以来，在不同历史时期和不同的管理目标导向下，先后建立了自然保护区、风景名胜区、国家森林公园、国家地质公园、国家湿地公园等多种类型的自然保护地。这些自然保护地涉及的保护要素涵盖热带雨林、海洋、湿地、火山及特色物种等，对海南的自然资源保护起到了积极的作用，但是，尚未科学完整地针对海南这一全国唯一拥有陆地和海洋区域的热带岛屿，构建起以国家公园为主体的自然保护地体系。

---

[1] 刘冬，林乃峰，邹长新，等. 国外生态保护地体系对我国生态保护红线划定与管理的启示 [J]. 生物多样性，2015，6：708-715.

6.3.1 海南自然保护地体系重构面临的主要问题

与国内其他省份相似，海南自然保护地体系重构主要面临以下问题：

第一，分类相互嵌套，管理目标混杂。海南在不同的历史时期由行政主管部门按照各自的管理职能申报成立了种类、数量众多的自然保护地，这些自然保护地分类相互嵌套。例如，尖峰岭既是国家级自然保护区又是国家森林公园。在不同的管理目标导向下不利于对自然保护地统一、规范、高效的管理。

第二，空间边界不一，区域交叉重叠。由于同一保护对象分属不同的自然保护地类型，各自的行政主管部门组织编制了不同类型的空间规划，这些规划所确定的保护地边界难以统一。例如，以海口火山为保护对象设立的海南海口火山国家森林公园，占地20km²，而海南海口石山火山群国家地质公园，占地108km²。针对同一保护对象规划的不同保护区域，在国土空间上交叉重叠，不利于区域主体功能的确定。

第三，产权主体模糊，公益属性缺失。在海南既是自然保护地又是A级旅游景区的情况屡见不鲜。例如，七仙岭温泉国家森林公园同时也是AAAA级旅游景区。在海南建设国家生态文明试验区和国际旅游消费中心的大背景下，需要找到协调自然资源保护和旅游产业发展的平衡点。

第四，要素割裂保护，尚未形成体系。在不同的历史时期，海南将热带雨林、温泉、火山等稀缺性资源作为保护对象设立自然保护地，缺乏一种多层次的、连续完整的、跨行政区划的自然保护地的系统设计。要使这一生态格局在实现全域生态保育、维护海南生态安全上充分发挥作用，就需要全面梳理自然保护地的类型，重构自然保护地体系。

6.3.2 海南自然保护地体系重构的方案建议

6.3.2.1 海南自然保护地体系重构的路径

基于生态功能区的自然保护地范围确定。海南省现有的自然保护地大多由地方申报、批复设立，在空间布局上缺乏陆海统筹，尚未形成合理的结构，造成保护地面积交叉重叠，许多应该保护的地方并没有建立保护地。2016年《海南省总体规划（空间类2015-2030）》编制完成，该规划将海南岛的生态功能区划分为一级生态功能区（即生态空间）、二级生态功能区（即农业空间）和近岸海域生态保护功能区，并将其作为海南岛生态功能与生态安全的核心骨架，即需要严格进行生态保护红线管控和刚性约束的区域。该规划对生态功能区的划定为海南自然保护地在空间上的建构与完善奠定了基础，也是保护地空间范围确定的法定依据，即通过国土空间规划对现有保护地进行管控，同时也预留出保护地的拓展空间。

基于生态服务功能的自然保护地类型拓展。海南现有的自然保护地多数是以保护生态要素而建立，例如，热带雨林、温泉、火山、金丝燕、长臂猿、坡鹿等，需要在省域国土空间层面从生态安全格局的角度，基于生态功能构建完善的保护地体系。将具有生态服务功能，对生态系统及典型生境保护具有重要作用的水源涵养、水土保持、防风固沙及维护生物多样性等的区域，纳入保护地体系。在现有保护地类型的基础上拓展具有生态服务功能的保护地类型，建立相互关联的保护地体系。

基于保护力度的自然保护地类型调整。按照管理目标及对自然资源的保护力度归并、调整自然保护地类型。一方面，针对保护地类型嵌套的情况，保留管理目标更为重要、全面，保护力度更强的保护地，取消管理目标相对单一、保护力度较弱和效率较低的保护地。例如，可保留海南海口石山火山群国家地质公园（108km^2），取消嵌套其间的海南海口火山国家森林公园（20km^2）；取消海南热带雨林国家公园体制试点区归并整合的五指山、鹦哥岭、尖峰岭、霸王岭、吊罗山等5个国家级自然保护区、佳西等3个省级自然保护区，黎母山等4个国家森林公园、阿陀岭等6个省级森林公园，体现热带雨林国家公园的唯一性及整体性。另一方面，针对现有的保护力度较弱，且与其他保护地重复命名的自然保护区这一类型，需进行自然资源的重新评估，可对其面积或类型进行调整，保留真正用于严格资源保护的自然保护区。

基于利用强度的自然保护地类型区分。针对海南许多自然保护地与A级景区重叠混杂的情况，需对其保护为主还是开发为主的管理目标进行重新定位。在空间范围的界定上充分考虑自然资源保护与利用的平衡点，将借助自然资源开展技术含量较高的生态旅游为主的区域界定为保护地，将开展以非公益性的、技术含量相对较低的及服务大众旅游业态为主的区域界定为A级景区。空间上对保护地与A级景区的明确划分，有利于管理目标的落实、产权主体的明确及转移支付资金的分配。例如，三亚热带滨海风景名胜区，占地212km²，包括亚龙湾、天涯海角、南山三大景区和鹿回头公园、西岛、蜈支洲岛等七个景点，其中不乏AAAAA或AAAA旅游景区，可根据管理目标进行空间细分，合理界定出自然保护地与旅游景区。

6.3.2.2 体系重构要点

对海南自然保护地的重构着重体现以下几点：第一，突出国家公园的主体地位，有效整合现有自然保护地，建立国际通行的兼具生态保护与合理利用功能，具有国家代表性的国家公园这一类型；第二，与国际接轨，建立与IUCN体系相适应的保护地体系，以便开展国际交流；第三，兼顾陆地、海洋空间及生态格局完善保护地类型，与国土生态空间划定的生态保护红线形成对应关系；第四，体现地区发展特色，协调资源保护与旅游开发的关系，合理划分自然保护地与旅游区；第五，划分各类自然保护地中保护与利用面积占比，以便界定保护地类型及引导规划建设。

6.3.2.3 体系重构方案

在国家层面按生态价值和保护强度高低提出建立"以国家公园为主体、自然保护区为基础、自然公园为补充"的自然保护地分类体系的框架之下，在细分区别、归并整合现有的自然保护地与新增完善保护地类型，对标IUCN保护地体系的基础之上，细化出6种自然保护地子类型，分别是第Ⅰ类国家公园，第Ⅱ类自然保护区，第Ⅲ类栖息地、物种管理区，第Ⅳ类自然与人文景观保护区，第Ⅴ类生态功能保护区，第Ⅵ类自然资源可持续利用自然保护地，对保护地体系进行了深化重构，方案如表6-4所示。

自然保护地体系深化重构方案

表6-4

我国自然保护地三大类型	保护地体系深化重构类型	与现有保护地类型的对应关系	与IUCN体系的对应关系	保护与利用面积占比（%）	建构方式
国家公园	第Ⅰ类国家公园	*具有国家代表性资源价值的生态系统并以开展公益活动为主的国家级自然保护区、国家级森林公园、风景名胜区、地质公园、湿地公园、海洋自然保护区、水利风景区	第Ⅰa类严格的自然保护地、第Ⅰb类荒野保护地、第Ⅱ类国家公园	保护≥85%，利用≤15%	细分区别归并整合
自然保护区	第Ⅱ类自然保护区	*未达到国家代表性资源价值，需要严格保护的自然保护区	—	保护≥75%，利用≤25%	细分区别
自然保护区	第Ⅲ类栖息地、物种管理区	*以海草床、红树林、珊瑚礁等珍稀物种或生境建立的自然保护区；*麒麟菜、白蝶贝等水产种质资源保护区；*野生稻、野生兰等种质资源原位保护区	第Ⅳ类栖息地/物种管理区	保护≥75%，利用≤25%	细分区别
自然公园	第Ⅳ类自然与人文景观保护区	*资源保护与利用相结合，具有一定游客承载量的风景名胜区、地质公园、森林公园、水利风景区、湿地公园、海洋特别保护区	第Ⅲ类自然文化遗迹或地貌、第Ⅴ类陆地景观/海洋景观自然保护地	保护≥65%，利用≤35%	细分区别
自然公园	第Ⅴ类生态功能保护区	*生态公益林，沿海防护林，水源涵养区，防洪调蓄区，水土保持区，河、湖、海岸带生态敏感区	—	保护≥75%，利用≤25%	新增完善
自然公园	第Ⅵ类自然资源可持续利用自然保护地	*原住民生产、生活的农业、林业、海洋生产空间，包括耕地、重点商品林、海洋牧场等	第Ⅵ类自然资源可持续利用自然保护地	保护≥50%，利用≤50%	新增完善

　　本方案建议将现有针对热带雨林、海洋等同一类型保护对象分割建立的自然保护地整合为保护范围涉及生态系统且允许开展部分公益性活

动的第 I 类国家公园；将以珍稀物种为主要保护对象建立的自然保护区调整为第Ⅲ类栖息地、物种管理区；将具有一定旅游接待能力的自然保护地归为第Ⅳ类自然与人文景观保护区；补充具有生态功能的生态敏感区作为第Ⅴ类生态功能保护区；将具有生产功能的田、林、海域作为第Ⅵ类自然资源可持续利用自然保护地；将自然资源价值略低适宜旅游开发的区域归入旅游景区。当然，对海南现有自然保护地的归类重置、新增完善，需要对每一处保护地现状进行翔实的调研与科学的评估。构建各类保护地评估体系及提出相应的量化指标，将有助于自然保护地体系构建的真正落实。

6.4　本章小结

通过借鉴国内外经验，在国家提出的三大类型自然保护地体系框架之下，针对海南自然保护地存在的问题，提出了海南保护地深化重构的体系方案，梳理了深化细化出的6类自然保护地类型与现有的自然保护地、IUCN保护地类型之间的关系，以及给出了6类保护地资源保护、利用的配比和构建方式建议，以期对我国的自然保护地体系重构提供区域经验。自然保护地往往是自然资源保护与社会经济发展的复合系统，要构建起满足区域社会经济发展需求，提供优质生态服务产品，实现资源可持续性利用的保护地体系，还需要构建起自然保护地基本法和各类保护地专项法的法律法规体系以保障各类保护地的地位，进一步量化每种保护地资源保护与利用强度的关系以促进可持续发展，提出规范的国家公园准入标准，整合保护地组建国家公园等一系列问题，仍需要深入研究。就海南而言，在海南热带雨林国家公园体制试点阶段，积极总结国土空间陆域自然保护地整合归并实施路径的经验，以及如何以海洋保护网络代替单一点状式的海洋保护，整合海洋保护地建立海洋国家公园仍值得积极探索。

7 双重视角下的中国国家公园边界划定构想❶

《建立国家公园体制总体方案》提出："国家公园是指由国家批准设立并主导管理，边界清晰，以保护具有国家代表性的大面积自然生态系统为主要目的，实现自然资源科学保护和合理利用的特定陆地或海洋区域。"定义要求国家公园应具有清晰的边界，边界之内管理权归国家，界定的对象为具有国家代表性的自然生态系统，界内应达到科学保护和合理利用自然资源的效果。国家公园边界的划定既是对国家公园范围及面积的确定，又是上述理念、规则在特定国土空间的落实。因此，边界的划定需要综合决策，如何借助多学科视角划定国家公园的边界？

7.1 中国国家公园边界划定面临的主要问题

1956年我国建立第一个自然保护区，随后相继建立风景名胜区、国家森林公园等自然保护地；2013年我国首次提出建立国家公园体制，建立以国家公园为主体的自然保护地体系；2015年，全国提出9个区域进行建立国家公园体制试点，至今已发展至11个试点区。各类自然保护地以及国家公园试点区边界划定的研究与实践，为建立国家公园提供了经验借鉴，但各类自然保护地毕竟不是真正意义上的国家公园，国家公园试点区也尚处于探索实践阶段。在此情况下，学者们对国家公园的边界划定面临的实际问题进行了研究，如苏杨提出国家公园要实现生态系统完整性，在生物保护、公共管理、政策衔接及利益协调等方面均面临诸多

---

❶ 本章内容以题为《国家公园双层边界划定思路与建议》的文章在《规划师》2019年第17期（总293期）发表。

困难，并简述了成因❶。以下通过对已有的自然保护地及国家公园体制试点区的研究，梳理国家公园边界划定面临的主要问题。

7.1.1 整合碎片化的邻近的各自然保护地，形成国家公园统一边界

在以新公共管理为治理理念阶段，各行政管理部门在不同的历史时期根据不同的管理目标导向，针对同一保护对象划定出不同类型的自然保护地，出现了同一保护对象分属不同的自然保护地类型、被不同的保护地边界分割或在不同的保护地中边界不一等现象。因此，如何以生态系统的内在规律性为导向整合碎片化的自然保护地，便成了国家公园边界划定必须解决的难点问题。

国家公园试点区为整合重组这些破碎化的自然保护地进行了积极探索，如：海南热带雨林国家公园试点区集中连片整合位于海南岛中部山区的5个国家级自然保护区、3个省级自然保护区、4个国家森林公园、6个省级森林公园及相关的国有林场，涉及海南岛陆域面积1/7的国土空间，对整合碎片化的以热带雨林为保护对象的各自然保护地形成统一的国家公园边界进行了探索性的实践。

7.1.2 实现跨行政区划的统一定界，保护生态系统的完整性

以往的各自然保护地为了便于管理，通常依据行政区划来划定边界。例如，《国家地质公园规划编制技术要求》（国土资发〔2016〕83号）提出："为便于管理，在保证地质遗迹的完整性和有效保护的前提下，边界划定可合理利用地形、地物界线及行政区边界。"其虽然也强调了保护的完整性和有效性，但界定出保护对象的完整边界与行政区划遵循的是不同的原则、采用的是不同的识别方法。因此，为保护生态系统的完整性，如何实现跨行政区划的统一定界是国家公园边界划定面临的问题之一。

在当前的国家公园体制试点中，福建武夷山、浙江钱江源和湖南南山国家公园体制试点区受行政区划的影响，边界划定尚未充分体现生态

❶ 苏杨. 规划、划界、分区、利益如何划分？——解读《建立国家公园体制总体方案》之六〔J〕. 中国发展观察，2018，17：42-47.

系统的完整性。例如，黄岗山是武夷山的最高峰，为福建、江西两省分界线，由于地跨两个行政区，而分属武夷山国家公园体制试点区和江西武夷山国家级自然保护区。因此，武夷山国家公园体制试点区正在整合江西武夷山国家级自然保护区，实现对跨行政区划的生态系统的完整保护，但这仍然在探索之中。

7.1.3　与周边区域衔接，协调生态空间与生产、生活空间的关系

自然保护地边界内外由于管理目标的不同采取了截然不同的发展模式，如出于生产、生活的需要，因交通出行、产业发展和建设强度带来的环境压力对自然保护地造成了不可忽视的影响。因此，需要一种体现管控层次性的规划管理来协调"三生"空间的关系问题。

为解决这一问题，一些自然保护地遵循规范进行了积极探索，如《国家级森林公园总体规划规范》（LY/T 2005–2012）提出："规划范围即森林公园设立的批复范围。为了有利于森林公园的保护管理，有利于保持森林风景资源的完整性，可根据实际情况在公园周边划定一定面积的协调控制区。"批复范围之外的协调控制区的设立可以协调国家级森林公园与周边区域因发展模式不同形成的对立关系，缓和人为因素对自然保护地带来的干扰。

7.1.4　在资源保护与利用角度合理划定边界，兼顾周边景区、社区发展

如何避免国家公园成为独立于经济社会之外的生态孤岛，是国家公园边界划定必须解决的又一关键问题。在国际上，国家公园与当地社区的融合越来越受到关注，各国也开展了研究与实践。在国内，学者们对国家公园影响周边区域的范围进行了探讨，如吴承照提出国家公园对周边区域直接的经济影响范围，并引用了美国学者在国家公园经济影响统计分析中采用的96km的界定标准[1]。在自然保护地的规划建设中，《国家湿

❶　吴承照. 国家公园是保护性绿色发展模式［J］. 旅游学刊，2018，8：1-2.

地公园总体规划导则》（林湿综字〔2018〕1号）在划定国家湿地公园的
范围和面积的要求中，除了提出应考虑湿地生态系统的完整性与湿地类
型的独特性，地域单元的相对独立性及具有明确的地形标志物，还特别
强调了历史文化的延续性、社会经济的关联性，以及保护、管理、合理
利用的必要性与可行性。

7.1.5　在国土空间尺度进行国家公园边界识别与划定

　　由于空间尺度较大，在国土空间上如何从"三生"空间之中完整地
识别出自然保护地，并划定其边界是自然保护地规划建设中另一个重要
问题。针对这一问题，学者们从提出规模指标与建立评价模型等方面进
行了研究，如杨锐等人对中国自然保护地的远景规模进行了研究，在国
土尺度层面提出了将中国至少50％国土区域用于自然保护地这一倡议❶；
虞虎等人提出了生态系统完整性、生态重要性、原真性、生物多样性、
自然景观价值与人文遗产价值6个关键指标以构建识别国家公园的潜在区
域的评价模型❷。

7.1.6　本节小结

　　各类自然保护地在建设发展过程中，国家针对各自的特征制定了相
应的技术规范对其边界划定提供技术指导，这对制定国家公园边界划定
规则均有一定的借鉴意义。学者们对自然保护地边界划定涉及的区域、
规模、难点问题及经济影响范围等进行了研究探讨，但站在多学科角度
提出边界划定具体方法的研究相对较少。我国11个国家公园试点区根据
自身的特色进行体制试点，在边界划定上呈现出各自的特点及问题，其
从各类自然保护地边界划定技术规范到国家公园边界划定理论研究及试
点区实践探索，为国家公园边界的划定积累了丰富的理论与实践经验。
但无论从理论上还是从实践经验上，我国对这一问题的探讨仍处于摸索
阶段。

❶ 杨锐，曹越. 论中国自然保护地的远景规模［J］. 中国园林，2018，7：5-12.
❷ 虞虎，钟林生，曾瑜皙. 中国国家公园建设潜在区域识别研究［J］. 自然资源学报，2018，10：1766-1780.

7.2　双重视角下的中国国家公园边界划定思路

边界划定是国家公园规划建设的首要环节。边界的划定也即是规则的确定，体现为国家公园内、外采取的不同发展理念与运营模式。学者们对国家公园边界的划定提出了原则性要求，如王梦君等人提出国家公园的范围需边界清晰、获多方认可，需综合考虑生态系统的完整、人对资源利用的需求及野生生物的生存需求等来划定，且划定后不得擅自变更并需进行定期评估❶。这就要求具体的国家公园边界划定要能适应生态系统的动态性、满足利益主体诉求的多元性、体现规划管理的层次性。

就国家公园具有的特性来划定边界，一方面从生态价值与保护强度看，国家公园在我国的自然保护地框架体系之中属于等级最高的类型，其保护对象是具有国家代表性的生态资源，因此明确的边界划定有助于有效区分其与生产、生活空间的差异，实现对此类生态空间的用途管制。另一方面较之一般的城镇空间边界划定，国家公园属于生态空间，保护对象为一个完整生态系统是一个有机整体，与周边区域联系紧密，其边界具有生态界面的属性，这就对通常意义上的明确边界划定提出了新的要求。

为应对上述问题，选取了两个视角，即在"多规合一"与国土空间用途管制视角下，利用统一技术平台，实现纵向与横向上的空间规划的衔接优化及对资源的有效管理；而在景观生态与生命共同体视角下，以系统论的思维方式，则能把景观生态空间涉及的时空尺度、空间格局、生态过程、生态服务及可持续性这些有机联系的研究对象整合起来，实现对完整生态系统及与之密切联系的过渡空间的合理保护与利用。在这两种视角下划定国家公园的边界，既能尊重生态系统的特性，又能实现对生态资源的管控，为解决上述国家公园边界划定涉及的主要问题提供思路。

---

❶　王梦君，唐芳林，孙鸿雁. 国家公园范围划定探讨［J］. 林业建设，2016，1：21-25.

7.2.1 "多规合一"与国土空间用途管制视角下的中国国家公园边界划定

国土空间是自然资源与建设活动的载体，对国土空间的划界、定性、定量，也即是对其上资源保护与利用规则的制定。"多规合一"整合主体功能区规划、土地利用规划和城乡规划等空间规划，对国土空间进行统筹，为实现国土空间用途管制提供了信息技术平台。

7.2.1.1 在不同的空间规划层级中逐级精确国家公园边界

根据《建立国家公园体制总体方案》，国家公园属于全国4类主体功能区中的禁止开发区，纳入国土空间生态红线保护区域的管控范围，代表国家利益，体现全民公益性。因此，国家公园的边界即国土空间中重要的自然资源保护控制的边界。在规划体系中，国家公园边界的划定首先需要站在国家生态文明建设的战略高度，着眼于自然资源保护的一级土地发展权管理，在国家层面进行总体划定。其次，宏观层面的主体功能区规划受规划精度的限制，不能直接成为划定国家公园具体边界的依据，需要在由市（县）域层面城镇开发边界、永久基本农田红线和生态保护红线共同构成的一张蓝图上规划出以生态保护为首要目标的国家公园落地实施边界。因此，国家公园边界的划定需在不同尺度的空间规划中逐级确定。

7.2.1.2 在统一的技术平台上跨行政区划定国家公园边界

行政区划往往以山脉、河流等明显的地形地物为依据。国家公园的保护对象是一个完整的生态系统，范围并不以行政区划为界，其边界往往跨越行政区。若以省界确定国家公园边界，生态系统的完整性将受到极大影响；若以生态系统为界，涉及多省事权，在规划及管理上都难以协调。"多规合一"为跨行政区划定国家公园边界提供了统一的、相互衔接的空间规划技术平台，为进一步实现不同阶段和层级的国土空间用途管制提供了技术保障。针对这一类的国家公园，可以借助"多规合一"这一统一的技术平台上从区域层面整合跨省域的国土空间，并在试点阶段就由中央政府直接行使所有权，实现以跨区域治理为理念的统一管理。

7.2.1.3 在统一的管制目标下整合自然保护地划定国家公园边界

建立国家公园不是在空间上对邻近的破碎化的各自然保护地进行简单合并，也不是在各自然保护地之上再增设管理层级，而是在同一国土空间用途管制目标下重组、建立具有国家代表性的生态空间。因此，需在"多规合一"的技术平台上对目前形成的各自然保护地的空间分布进行全面调查，对其自然资源的品质与等级、保护与利用进行科学评估，将符合国家公园理念、目标的保护地或其中的部分功能区划入国家公园的界线范围，即在统一的技术平台上以同一国土空间管制目标为导向，以国家公园的准入标准对邻近的各自然保护地进行评价筛选，并在国土空间上进行整合重组。

7.2.1.4 在国土空间用途管制导向下划定国家公园边界

国土空间是自然资源的载体，国土空间用途管制是通过制定土地利用与管理措施对自然资源实施监管的有效途径。要实现国土空间用途管制，就需要制定利用和管控国土空间的规划，确定土地使用性质及强度。国家公园边界划定标志着界线内外采用不同发展方式，土地的用途和使用条件及其上承载的自然资源保护与利用的强度存在显著差异。国家公园边界划定一方面需要遵循上位规划与管制要求，另一方面又是对实现该区域国土空间用途管制的落实和深化，因此，实施国土空间用途管制需要划定明确的边界作为依据。

7.2.2 景观生态与生命共同体视角下的中国国家公园边界划定

景观生态学在自然保护地的规划、管理中已经得到广泛应用，其研究方向已经从关注不同尺度下景观格局及生态过程的作用机制转向在此基础上进行的生态系统服务及可持续性研究，即"格局—过程—服务—可持续性"新范式❶。

7.2.2.1 选择适宜景观尺度划定国家公园边界

景观尺度是研究景观现象或过程所采用的时间或空间单元，是研究之初需要确定的问题。研究不同的生态问题需要采用不同的时空尺度。从空间尺度看，目前11个国家公园体制试点区形成的景观尺度包括：小于几百平方千米的小尺度（如北京长城国家公园约为60km²）、几百平方

---

❶ 赵文武，王亚萍. 1981—2015年我国大陆地区景观生态学研究文献分析［J］. 生态学报，2016，23：7886-7896.

千米至几千平方千米的中尺度（如海南热带雨林国家公园为4400km²、浙江钱江源国家公园为252km²）、几万平方千米以上的大尺度（如青海三江源国家公园为12.3万km²、大熊猫国家公园为2.7万km²）不等。之所以形成大、中、小不同等级的空间尺度，在于需要根据其核心保护对象的特征，综合选择最具代表性的能实现完整的生态服务功能的区域，按照适宜的尺度划定满足其需求的国家公园空间边界。例如，大熊猫国家公园和北京国家公园这两个分别以旗舰物种、世界文化遗产为核心保护对象的试点区，就采用了不同等级的空间尺度界定国家公园边界。大熊猫国家公园体制试点区是基于满足大熊猫这一核心保护对象的活动范围，以及包括涵养水源、改善气候、保护生物多样性等进行整体性保护的大尺度区域；而北京长城国家公园试点区是围绕世界文化遗产这一核心保护对象，整合长城沿线交错分布的人文与自然资源，包括世界文化遗产明十三陵、八达岭—十三陵风景名胜区（延庆部分）、密云雾灵山自然保护区、北京八达岭国家森林公园、中国延庆世界地质公园八达岭园区等涉及世界遗产、风景名胜区、自然保护区、森林公园、地质公园5种类型的保护地，划定出实现人文与自然整合联通的小尺度区域边界。

7.2.2.2 关注景观生态安全划定国家公园边界

生态保护第一，体现全民公益性是国家公园的核心理念之一。一方面，国家公园的边界划定是从空间上界定出保护生态系统原真性、完整性不受或少受人为干扰影响的范围，以确保生态安全；另一方面，生态安全还涉及生态系统提供的服务能否满足人的生存发展需求。因此，国家公园的边界划定从生态安全的角度既应关注生态系统本身的安全，又要从人的生存发展需求出发，提高其不受生态破坏影响的保障程度，促进形成良性互动的人地关系。

7.2.2.3 遵循生态界面特性划定国家公园边界

边界是事物本质或现象发生变化的标志线或带，生态界面是在相邻位置变量的定量值差异最大的地带。生态界面具有的开放或关闭、不明显或显著、渐变或模糊、直线或弯曲的结构特征，使这一界面具有了模糊性和渐变性。生态界面本身是一个动态的实体，其结构随演替发生变化，影响相关的斑块，因此，生态界面又具有动态性❶。对于国家公园这一生态空间，需在具有模糊、渐变、动态性的生态界面之中，在恰当的时空尺度下找到有效的边界划定方法，才能保证保护对象动态、可持续的完整性。

7.2.2.4 融入社区共建共享理念划定国家公园边界

山、水、林、田、湖、草不仅是一个生命共同体，这些自然要素与满足人们生活、工作、交通、游憩的城镇，在国土空间上也是有机联系的整体。国家公园并不是一座生态孤岛，是社会经济发展的一部分，与周边的社区密切相关。国家公园边界的划定需对自然资源的保护等级进行研判，将承载以生态保护为主、体现公益性、具有国家代表性资源的国土空间划入国家公园，并进行严格的资源保护和开展对环境影响可控的公益性活动；以自然资源保护价值相对较低、适宜进行旅游开发的国土空间划为不单纯依赖自然资源进行多要素体验的综合旅游产品开发并提供旅游接待服务功能的区域。在国土空间上，以国家公园为主体，环绕国家公园形成美丽乡村、特色小镇、A级旅游景区、生态城市的"一园多点"的空间结构。而美丽乡村、特色小镇、A级旅游景区、生态城市在分享国家公园品牌效应的同时，成为国家公园开展资源保护、形象展示和产品拓展的联盟伙伴，实现对生态系统的有效保护和旅游资源的合理利用，以及区内区外的共建共享。

7.3 中国国家公园双层边界划定思路框架与建议

7.3.1 双层边界划定思路框架

基于上述分析，在新公共管理向整体性治理转变的管理理念和构建生命共同体的发展理念之下划定国家公园边界，既需要以"多规合一"为技术平台从国土空间用途管制角度实现管理上的可行性，又要针对国

❶ 王红梅，王堃. 景观生态界面边界判定与动态模拟研究进展［J］. 生态学报，2017，17：5905-5914.

家公园这一生态空间的特质体现规划上的科学性。因此，本书以"多规合一"为技术平台的国土空间用途管制、以景观生态学为理念构建生命共同体的双重视角，提出了对国家公园采用刚性管控与弹性管理相结合的双层边界划定方式的构想（图7-1），即对核心资源保护范围采用静态划界刚性管控，对外围的控制地带采用动态平衡弹性管理，底线管控与协调管理相结合，兼顾生态保护、社区利益与规划管理（图7-2）。

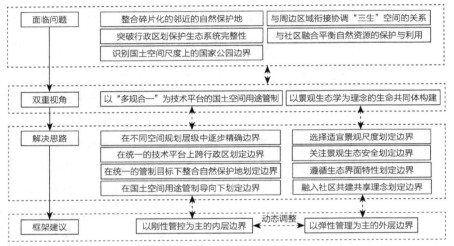

图 7-1 双重视角下国家公园双层边界划定框图

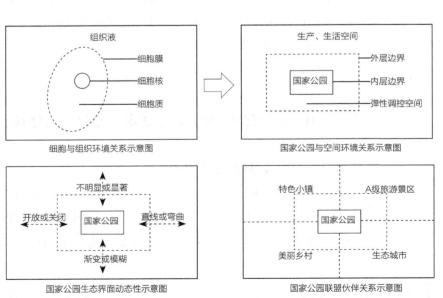

图 7-2 国家公园关系图

7.3.2　双层边界划定建议

7.3.2.1　以刚性管控为主的内层边界

依托"多规合一"的技术平台，划定以刚性管控为主的国家公园内层边界，以实现国土空间用途管制。

①内层边界的划定。内层边界不是简单地以明显的人工或自然边界为参考，依据行政区划、已有的自然保护地边界、地形特征、土地权属等因素来划界，而是以保护一个完整生态系统为导向，在"多规合一"的统一底图上选择适宜的景观尺度确定刚性管控的边界。

②边界清晰，可识别性强。内层边界需在不同的空间规划层级中借助"多规合一"技术平台逐级精确落实，在国土空间尺度上被有效识别出来。其作为规划界线能够在地形图上明确标出，并作为进一步规划布局的范围依据；其作为管控界线在实地能够立桩标界，与周边区域明显分隔。同时，做到对专业人士及公众均清晰可辨、识别性强。

③边界内实行严格管控。国家公园的保护对象是具有国家代表性的完整的生态系统，其保护的力度决定了管控的严格程度。这就要求管控边界内只能进行严格的资源保护和开展对环境影响可控的、体现全民公益性的活动，落实国土空间用途管制。

7.3.2.2　以弹性管理为主的外层边界

借助景观生态学的理念，尊重国家公园这一生态空间的特性，以系统论的思维方式，基于国家公园自身潜在生长拓展的不确定性带来的边界变动及与周边利益主体空间的关联性，划定以弹性管理为主的国家公园外层边界，以满足生态空间的特殊需求。

①外层边界的划定。外层边界不是简单的在内层边界的基础上采用偏移法或地形线法划定，而是把内层边界划定时存在模糊性的地带、与国家公园密切相关的周边社区及需要对建设强度进行管控的区域划入，形成国家公园内层边界之外衍生的具有管控属性的空间。

②多个利益主体的交汇地带。外层边界内存在美丽乡村、特色小镇、A级景区和生态城市等多个利益主体。在此区域，若管理决策得当、利益分配合理，这些利益主体与国家公园将形成具有共建共享的良性互

动关系的共同体；反之，国家公园将处于认同感缺失的孤岛式保护之中。

③生态资源保育的生长地带。就生态系统这一复杂、开放的巨系统而言，生态界面所具有的模糊性、渐变性和动态性，使得规划难以通过有限步骤完全准确地将边界划定出来。而这种生态过程不随人为边界的划定而终止，所带来的不确定性就需要为资源保育预留出一定的生长拓展空间，确保生态安全。

④土地与自然资源重置的调控地带。仅以刚性的边界来界定控制具有动态性的生态空间，难以应对实践中的种种不确定性。外层边界内是具有管控属性的空间，可以作为调整刚性管控边界的潜在弹性空间，以应对实践过程中资源类型转化与土地资源置换的需求。

7.3.2.3 边界管理采用动态调整

为体现国家边界划定的科学性，应进行不同阶段的实时评估，对刚性管控边界与弹性管理边界内所涉及的管理事权与管理要素进行动态调整及土地利用的动态平衡。

①不同阶段的实时评估。从国家公园体制试点到试点结束建立国家公园再到国家公园建立运营的不同阶段，都需要进行实时的动态评估。无论是国家公园刚性管控边界还是弹性管理边界的划定，从空间维度看都是基于对资源不同程度的保护与利用所采取的国土空间上的分类分区管控，从时间维度看需对双层边界所划分出的生态、社会要素进行持续性的动态监测。实行五年一次的正式评估及年度或双年度一次的非正式评估，是对国家公园这一开放复杂巨系统有效管理的制度保障。

②管理事权的动态调整。刚性管控边界内由中央政府行使对全民所有的自然资源的所有权，过渡期可由省级政府代为行使，但涉及跨省域的国家公园以直接由中央政府行使为宜。弹性管理边界内涉及社会管理、建设审批和环境监督等事权归地方政府行使，以协调国家公园与社区的共建共享关系。管理事权需随双层边界的变动而做出相应的调整。

③土地利用的动态平衡。在内层边界内涉及必须实行生态移民搬迁的社区，可在外层边界范围内进行土地置换，使搬迁安置村民能就近分享国家公园资源保护带来的红利，直接参与国家公园资源保护或开发利

用的相关产业之中。此外，管理要素伴随生态过程在空间上的变迁促使其需要进行边界调整的情况，可依法依规对边界进行修正以及对双层边界之间用地类型进行动态调整。

7.4 本章小结

在组建自然资源部、形成"多规合一"技术平台及构建国土空间规划体系进行国土空间用途管制的背景之下，以"多规合一"为技术平台的国土空间用途管制、以景观生态学为理念构建生命共同体的双重视角，提出了国家公园以刚性管控为主的内层边界和以弹性管理为主的外层边界双层边界划定的构想。在这一构想之下，如何以国家公园为主体，将规划与管理的科学性、严肃性和灵活性通过合理的程序落实到具体的规划编制、实施评估与修编中，实现对国家公园的有效保护，仍值得继续深入探讨。

8 海洋自然保护地分类体系构建的目标与路径
——以海南省为例❶

　　海南省位于我国最南端，陆域面积为3.54万km²，其中海南岛面积为3.39万km²，海域面积约200万km²，是陆地面积最小而海洋面积最大的热带岛屿省份。由于海洋具有的特殊性，目前，我国的海洋自然保护地较之陆地，在数量与规模、分布与规划的合理性等都存在较大差距。在海洋强国战略的背景下，在国家提出国家公园、自然保护区、自然公园三大类型的自然保护地总体框架之下，如何对具有丰富海洋生态系统类型的海南已建设的海洋自然保护地进行归并整合，如何对潜在的海洋自然保护地进行发掘完善，细化出既体现本国特色又能与国际接轨的海洋自然保护地分类体系均值得深入探讨。

8.1　研究对象界定

8.1.1　IUCN对海洋自然保护地的定义与分类

　　IUCN自1999年之后，将海洋自然保护地定义为："任何通过法律程序或其他有效方式建立的，对其中部分或全部环境进行封闭保护的潮间带或潮下带陆架区域，包括其上覆水体及相关的动植物群落、历史及文化属性"（Kelleher，1999）。这一定义为国际社会普遍接受。IUCN将自然保护地的六种类型应用于海洋自然保护地，即根据不同的管理目标，将海洋自然保护地划分为第Ⅰa类严格的自然保护地、第Ⅰb类荒野保护地、第Ⅱ类国家公园、第Ⅲ类自然文化遗迹或地貌、第Ⅳ类栖息地/物种管理区、第Ⅴ类陆地景观/海洋景观自然保护地和第Ⅵ类自然资源可持续利用

---

❶　本章内容以题为《管理目标导向下海南省海洋自然保护地分类体系的构建》的文章在《海洋开发与管理》2020年第8期上发表。

自然保护地六种类型。

8.1.2　我国与海洋自然保护地相关的定义与分类

目前，我国的海洋自然保护地主要包括海洋自然保护区和海洋特别保护区两大类型。《海洋自然保护区类型与级别划分原则》（GB/T 17504—1998）中将海洋自然保护区定义为："以海洋自然环境和资源保护为目的，依法把包括保护对象在内的一定面积的海岸、河口、岛屿、湿地或海域划分出来，进行特殊保护和管理的区域"，并将海洋自然保护区细分为海洋和海岸自然生态系统、海洋生物物种、海洋自然遗迹和非生物资源3个类别16个类型。2010年国家海洋局修订的《海洋特别保护区管理办法》将海洋特别保护区定义为："具有特殊地理条件、生态系统、生物与非生物资源及海洋开发利用特殊要求，需要采取有效的保护措施和科学的开发方式进行特殊管理的区域"，该办法又将海洋特别保护区分为海洋特殊地理条件保护区、海洋公园、海洋生态保护区和海洋资源保护区。海洋自然保护区侧重于保护与管理，海洋特别保护区侧重有效保护与科学开发相结合，这两大类型较之IUCN按照不同管理目标提出的六种类型，其在保护地保护与利用的细化管理程度方面存在较大差距。

8.1.3　海域空间范围的界定

根据1982年在第三次联合国海洋法会议通过的《联合国海洋法公约》，海洋被划分为内水、领海、毗连区、专属经济区、大陆架和国际海底区域等不同性质的海域；公约规定沿海国的主权涉及内水、领海（包括领海上空及其海床和底土）以及大陆架的自然资源；随后，公约又分别赋予沿海国对其毗连区与专属经济区具有一定程度上的管辖权；不属于国家管辖的只有公海与国际海底区域❶。尽管《海洋自然保护区类型与级别划分原则》（GB/T 17504—1998）提出该标准适用于中华人民共和国的内海、领海以及管辖的一切其他海域及毗连海岸的海洋自然保护

---

❶　孟令浩. 现有国家管辖范围外海洋保护区的管理措施［J］. 中国环境管理干部学院学报，2019，1：9-12.

区，《海洋特别保护区管理办法》提出海洋特别保护区的建立范围可以
涉及毗连区、专属经济区、大陆架以及中华人民共和国管辖的其他海域
和海岛，但目前，我国的海洋自然保护地几乎均设在内水与领海范围
之内。

以下仅就国土空间进行海洋自然保护地体系构建，研究的海洋范围
为海南省管辖的约200万km²的海域。在我国提出的三大类型的自然保护
地框架下，参照IUCN对海洋自然保护地的类型划分以及我国已有的海洋
自然保护地类型，主要针对海洋生物群落及海洋环境，包括入海河口、
滨海湿地、珊瑚礁、红树林、海草床等浅海海域及岛屿等，构建既体现
我国特色又有利于开展国际交流的海洋自然保护地体系。

8.2 海洋自然保护地分类体系构建的路径

8.2.1 以海域主要管理目标为导向

海洋自然保护地分类体系的构建应以主要管理目标为基础，即分类
体系是管理目标的反映。海洋自然保护地通常具有多重功能，例如，保
护海洋生态系统及生物多样性，维护渔业的健康发展，开展非消耗性生
态旅游和科研教育等活动，保护传承具有国家重大历史文化价值的海洋
资源等。在重叠复合的功能之中，应对每一种保护地类型的主要管理目
标进行比选和标准化描述，以共同构成保护地的分类体系。因此，保护
地的类型划分也即是管理方式差异化的精准定位。

8.2.2 体现海域空间上的垂直分带特性

由于海洋受到气候、光照、海水温度、盐度、养分、压力、洋流等因
素的影响，海洋环境比陆地环境更为立体，海洋生物分布较之陆生生物，
为了充分利用环境资源以及避免剧烈的种间竞争，呈现出与不同深度的水
体环境相适应的垂直分带特性。三维立体的海洋环境体现出的这种垂直分
带特性，导致在不同深度水体和海底的生物群落分布不均衡。不同深度的

海洋区域可根据不同的管理目标划归不同的海洋保护地类型。在水平方向上，以二维空间确定的界碑、界桩和浮标位置，划分各类海洋自然保护地的范围，难以体现海洋环境垂直分带产生的管理目标差异以及实现保护地类型的区划。因此，按此办法海洋自然保护地的区划难以在二维数据库或地图上完整表达，需要在流动的三维立体环境下确定。

8.2.3　体现海域时间上的变化节律特性

在环境因素的季节性变化和种群的适应性调节相互作用下，海洋生物群落在时间上表现出明显的变化规律。在季节演替过程中，生物群落的种类组成及数量呈现出一年内随不同季节有规律的变化，例如，种群在每年的繁殖季形成数量上的峰值，之后又随着自然死亡和被其他动物捕食而逐渐降低，直至次年的繁殖季再次增加。针对海洋生物群落数量和组成在年周期内季节性变化明显的特征，需对设立的各海洋自然保护地在时间尺度上进行管理目标的细分，使管理目标可体现全年与季节，永久与临时的差异性。例如，为保护鱼类和海洋哺乳动物的繁殖或者洄游，仅在一年中的某些特定的、可预计的时间区段对保护地进行严格的全面保护，而在其余的时间段内则不需要对其采取比周边海域更为严格的管理方式。

8.2.4　体现海域保护网络体系的关联特性

海水运动具有连续性和不可压缩性，可产生水平和垂直方向上的补偿流，这种动态的流体特征使得海洋自然保护地与相邻海域之间相互关联、不可分割，将海洋自然保护地作为独立区域管理难度较大。海洋环境具有的流动性、连贯性以及海洋生物洄游等习性，决定了海洋自然保护地不可能孤立地存在。例如，设立海洋自然保护地，其溢出效应使得保护地内、外的保护物种数量和密度都会有较大提升，间接对区外生态环境的保护产生促进作用；目标物种在保护地内外的流动，促使同一网络中海洋保护地之间的区划应为物种的传播、保育提供与之匹配的活动栖息空间，形成保护地之间的互联互通；陆海统筹的思想使单一的保护自然生态系统向保护社会—经济—自然复合生态系统转变，具有"过滤膜"和通道作用的陆海交错区，调控着物质流、能量流，往往具有物种较多和种群密度较大的边缘效应，同时，在抵抗外界干扰能力、系统稳定性和对生态变化的敏感性及资源竞争等方面又具有脆弱性❶，在这类陆海交错区设立保护地需更深入地考虑人类活动与自然因子之间的关联性，展开生态系统格局—结构—过程—机理的研究。因此，设立不同类型的相互关联的海洋自然保护地，并对特定的海域进行保护，是一个动态的、网络化的管理过程。

8.3 海南海洋自然保护地类型设立现状与存在问题

8.3.1 海洋自然保护地类型设立现状

截至2016年，海南省已建成海洋自然保护地22处。其中，海洋自然保护区共17处，根据《海洋自然保护区类型与级别划分原则》（GB/T 17504—1998），属于海洋与海岸自然生态系统类别的12处，涉及红树林、珊瑚礁、岛屿生态系统3种类型，属于海洋生物物种类别的5处，涉及白蝶贝、白鲣鸟、麒麟菜、黑脸琵鹭等物种。海洋特别保护区3处，根据《海洋特别保护区管理办法》对海洋特别保护区的类型划分，分别属于海洋生态保护区和海洋公园。国家级水产种质资源保护区2处（表8-1）。

海南海洋自然保护地分类一览表　　　　表8-1

序号	海洋自然保护地名称	类别	类型	主要保护对象	面积（hm²）
1	海南东寨港国家级自然保护区	海洋自然保护区	海洋与海岸自然生态系统	红树林生态系统	3337
2	海南铜鼓岭国家级自然保护区			珊瑚礁生态系统、热带季雨矮林及野生动物	4400

❶ 沈国英，施并章. 海洋生态学［M］. 北京：科学出版社，2003.

续表

序号	海洋自然保护地名称	类别	类型	主要保护对象	面积（hm²）
3	海南清澜省级自然保护区	海洋自然保护区	海洋与海岸自然生态系统	红树林生态系统	2948
4	三亚亚龙湾青梅港红树林市级自然保护区			红树林生态系统	156
5	三亚三亚河红树林市级自然保护区			红树林生态系统	343.8
6	三亚铁炉港红树林市级自然保护区			红树林生态系统	292
7	儋州新英红树林市级自然保护区			红树林生态系统	115.4
8	临高彩桥红树林县级自然保护区			红树林生态系统	350
9	澄迈花场湾沿岸红树林县级自然保护区			红树林生态系统	150
10	海南三亚珊瑚礁国家级自然保护区			珊瑚礁生态系统	8500
11	海南西南中沙群岛省级自然保护区			各种重要水生动植物及珊瑚礁生态系统	2400000
12	海南大洲岛国家级自然保护区			金丝燕及其生境、岛屿生态系统	7000
13	临高白蝶贝省级自然保护区		海洋生物物种	白蝶贝及其生境	34300
14	海南东岛白鲣鸟省级自然保护区			白鲣鸟及其生境	100
15	文昌麒麟菜省级自然保护区			麒麟菜、江蓠、拟石花菜等	6500
16	琼海麒麟菜省级自然保护区			麒麟菜、江蓠、拟石花菜等	2500
17	海南东方黑脸琵鹭省级自然保护区			黑脸琵鹭及其生境	1429
18	陵水新村港—黎安港省级海草特别保护区	海洋特别保护区	海洋生态保护区	海草床生态系统	2320

序号	海洋自然保护地名称	类别	类型	主要保护对象	面积（hm²）
19	海南万宁老爷海国家级海洋公园	海洋特别保护区	海洋公园	海潟湖生态系统	1121.1
20	昌江棋子湾国家级海洋公园			珊瑚礁生态景观、岬角岸段海蚀地貌	6021
21	西沙东岛海域国家级水产种质资源保护区	水产种质资源保护区	—	石斑鱼类、鱼类、龙虾类、海参类、海胆类、马蹄螺、篱凤螺、砗磲、冠螺、红珊瑚、鹦鹉螺等热带海珍品种	30870
22	西沙群岛永乐环礁海域国家级水产种质资源保护区		—	鲔科、石鲈科、笛鲷科和裸颊鲷科等礁栖性鱼类	59269

资料来源：序号1–18资料来源于《海南省总体规划（空间类2015—2030）》，序号19、20来源于原国家海洋局，序号21、22来源于原农业部。

8.3.2　海洋自然保护地类型设立存在问题

　　目前，海南已建设的海洋自然保护地仅有海洋自然保护区、海洋特别保护区、国家级水产种质资源保护区三大类型，尚未以明确的管理目标为导向，根据保护对象有效保护与合理利用的程度不同，构建多样化的精准分类体系。各类海洋自然保护地在区域范围界定上，均采用地理坐标确定其范围，尚未根据海洋三维空间上的垂直分带特性，对不同深度的海洋垂直空间提出不同的管理目标，并设置与之相应的海洋自然保护地类型。在时间序列上，尚未针对保护对象呈现出的季节性节律，在时间轴上进行管理目标的精准细化，形成与季节性节律变化相匹配的海洋自然保护地类型更替。在空间关系上，尚未充分考虑海水运动具有的特性，据此建立空间上相互联系、功能上相互支撑和管理目标动态转化的海洋自然保护地网络体系。

8.4　海南海洋自然保护地分类体系构建方案

依据景观生态学的基本理论，遵循IUCN针对管理目标与分类体系构建的对应问题提出的75%原则，参照IUCN提出的六种类型的自然保护地，在我国提出的三大自然保护地类型的框架之下，对海南海洋自然保护地体系进行深化构建，并针对海洋具有的特殊性，提出了与之匹配的管理建议。

8.4.1　分类体系构建

8.4.1.1　理论依据

景观生态学是海洋保护区选划研究的基本理论依据，在进行海洋保护区选划时可依据景观生态学中的空间异质性与多样性理论、岛屿生物地理与空间镶嵌理论、最小面积理论（空间最小面积、抗性最小面积、繁殖最小面积）等理论划分海洋保护目标聚集分布的空间斑块，并对这些空间斑块的保护提出管理要求❶。

8.4.1.2　分类原则

根据不同的管理目标分别对应设立海洋自然保护地类型，类型的提出与构建也即管理目标的明确与细化。由于海洋具有的流动性、分层性和季节性，同一保护地的管理目标往往呈现出多样并存、持续变动和复杂不确定等特征。IUCN针对管理目标与分类体系构建的对应问题，提出了分类应以自然保护地的主要管理目标为基础，自然保护地目标应适用于至少3/4的自然保护地范围，即75%原则，允许自然保护地内最多25%的区域具有其他用途并可以发生改变，但需与自然保护地的首要目标一致❷。针对海洋的特殊性，笔者认为75%原则除了适用于保护地二维空间区域，也适用于海洋垂直三维空间与季节性明显的时间周期。

---

❶　索安宁，关道明，孙永光，等. 景观生态学在海岸带地区的研究进展［J］. 生态学报，2016，11：3167-3175.

❷　Nigel Dudley. IUCN自然保护地管理分类应用指南［M］. 朱春全，欧阳志云，等译. 北京：中国林业出版社，2016.

8.4.1.3　参照标准

根据不同的管理目标，IUCN将自然保护地划分为六种类型，并将其应用于海洋自然保护地。除了IUCN的分类，各国根据不同的立法与实践，将本国的海洋自然保护地按照功能分为主要使用区、参观游览区、文化遗产区以及限制区；按照位置分为近海区和远海区；按照保护程度分为严格保护区与综合保护区；按照时间分为长期禁止开发区与定期禁止开发区❶。为了便于国际交流与合作，建议在我国提出的三大类型自然保护地基本框架之下，参照IUCN的分类体系，并结合海南已形成的海洋自然保护地，进行海洋自然保护地分类的区域性构建。

8.4.1.4　体系构建

在国家层面按生态价值和保护强度高低提出建立以国家公园为主体、自然保护区为基础、自然公园为补充的自然保护地分类体系的框架之下，细分区别海南现有的海洋自然保护地与新增完善保护地类型，在对标IUCN自然保护地体系的基础上，细化出6种自然保护地子类型，分别是第Ⅰ类国家公园，第Ⅱ类自然保护区，第Ⅲ类栖息地、物种管理区，第Ⅳ类自然与人文景观保护区，第Ⅴ类生态功能保护区，第Ⅵ类自然资源可持续利用自然保护地，对保护地体系进行了深化重构，方案如表8-2：

海洋自然保护地体系深化构建方案　　　　　表8-2

我国自然保护地三大类型	保护地体系子类型	与现有保护地类别和类型的对应关系	与IUCN体系的对应关系	保护与利用面积占比（%）	建构方式
国家公园	第Ⅰ类国家公园	*具有国家代表性资源价值的生态系统并以开展公益活动为主的国家级海洋自然保护区（主要为海洋和海岸生态系统类别）	第Ⅰa类严格的自然保护地、第Ⅰb类荒野保护地、第Ⅱ类国家公园	保护≥85%，利用≤15%	归并整合细分区别

❶ 李文杰. 海洋保护区制度与中国海洋安全利益关系辨析［J］. 国际安全研究，2019，2：45-67+157-158.

续表

我国自然保护地三大类型	保护地体系子类型	与现有保护地类别和类型的对应关系	与IUCN体系的对应关系	保护与利用面积占比（％）	建构方式
自然保护区	第Ⅱ类自然保护区	* 未达到国家代表性资源价值，需要严格保护的海洋自然保护区（主要为海洋和海岸生态系统类别）	—	保护≥75%，利用≤25%	细分区别
	第Ⅲ类栖息地、物种管理区	* 以保护海草床、红树林、珊瑚礁等珍稀物种或生境建立的海洋自然保护区（主要为海洋和海岸生态系统类别）； * 以保护麒麟菜、白蝶贝、白鲣鸟和金丝燕等生物资源建立的海洋自然保护区（主要为海洋生物物种类别）； * 以保护水产种质资源建立的国家级水产种质资源保护区	第Ⅳ类栖息地/物种管理区	保护≥75%，利用≤25%	细分区别
自然公园	第Ⅳ类自然与人文景观保护区	* 资源保护与利用相结合，具有一定游客承载量的海洋特别保护	第Ⅲ类自然文化遗迹或地貌、第Ⅴ类陆地景观/海洋景观自然保护地	保护≥65%，利用≤35%	细分区别
	第Ⅴ类生态功能保护区	* 沿海防护林，海岸带生态敏感区	—	保护≥75%，利用≤25%	新增完善
	第Ⅵ类自然资源可持续利用自然保护地	* 原住民生产、生活的海洋生产空间，包括海洋牧场等	第Ⅵ类自然资源可持续利用自然保护地	保护≥50%，利用≤50%	新增完善

8.4.2 分类体系管理建议

8.4.2.1 根据管理目标差异进行保护地类型的丰富和细化

采用生态空缺分析，从代表性、生态性、管理性空缺等主要方面，对海南的海洋自然保护地潜在区域进行分类，并提出相应的管理目标，丰富保护地类型。例如，将亚龙湾、大东海、蜈支洲和分界洲等珊瑚生长区域划为自然公园中的第Ⅳ类自然与人文景观保护区，在保护的基础上适度开展生态旅游；将国家南海生物种质资源库、水产种业南繁基地划为自然保护区中的第Ⅲ类栖息地、物种管理区，以建立南海物种资源库；将深远海智能生态渔场划为自然公园中的第Ⅵ类自然资源可持续利用自然保护地，使渔业资源得到可持续的利用；将沿海防护林、海岸带生态敏感区划为自然公园中的第Ⅴ类生态功能保护区，与生态红线范围相对应。

8.4.2.2　根据管理目标差异进行保护地类型的空间嵌套

针对同一片海域内存在多个管理目标的情况，可以在该海域空间内设定类型不同但相互关联的海洋自然保护地。从目标管理的严格程度上看，可将管理严格程度最强的第Ⅰ类国家公园外围划定为管理严格程度次之的自然保护区中的第Ⅱ类自然保护区或其他类型，将其作为第Ⅰ类国家公园的缓冲过渡地带。在海南整合现有的海洋自然保护地尝试建立海洋国家公园，可以采用这种模式，一方面可以避免将第Ⅰ类国家公园划定面积过大，带来管理效果欠佳的问题，另一方面通过外围其他类型保护地的设置，可以更好地保护第Ⅰ类国家公园，抵抗外界干扰，以有层次性的管理强度模式覆盖更广泛的海域，从而更好地发挥保护成效。从海洋空间的垂直分带性看，可以将具有不同特征的成层区划分为提供生态旅游的自然公园中的第Ⅳ类自然与人文景观保护区，以及具有生产、生活性质的自然公园中的第Ⅵ类自然资源可持续利用自然保护地，形成垂直复合类型空间，如：形成南海牧场渔业经营与开展南海生态旅游相叠加的复合类型空间。

8.4.2.3　根据管理目标差异进行保护地类型的时间更替

针对同一海域管理目标随时间变化的问题，可以根据目标物种一年之中的季节变化甚至年际变化进行海洋自然保护地类型的动态调整。制订保护地管理目标与保护力度随季节变化或年际变动的时间表，以便保证保护对象在可预计的需要被严格保护的时间段内得到有效保护，在其余时间段内适当调整管理目标，实现管理目标的动态转化，从而提高保护管理效率。在不同时间区间内选择保护地类型时，应在保护程度相近的类型间更替，避免对目标物种的生存环境造成破坏性干预，间接影响对目标物种的有效保护。

8.5　本章小结

与陆地环境中的大气不同，海洋环境中的水体使得海洋生物更高效地散布和定居于三维流体环境。这种特殊性使得海洋自然保护地分类体系的构建较之陆地更为困难。要对海洋自然保护地实施高效的管理，必须更积极地开展海洋研究提高对海洋的认知水平。海南的海域包括了珊瑚礁、红树林、海草床、海岛、潟湖等多样化的生态系统，在此进行区域性的海洋自然保护地体系深化构建以及管理建议的探讨，对全国建立以国家公园为主体的海洋自然保护地体系具有区域代表性。在国家提出的三大类型自然保护地的顶层设计之下，深化出六个子类型，以便于现有保护地的归并整合、潜在保护地的新增完善以及与国际接轨。上文仅就国土范围之内的海域建立海洋自然保护地体系深化构建进行了探讨，国际社会所关注的在领海和专属经济区之外的公海以及大陆架外接壤的国际海底区域建立海洋自然保护地仍值得进一步研究，对充分体现共同安全、综合安全、合作安全、可持续安全的新安全观，构建人类命运共同体，将具有积极意义。

试点篇
问题与对策

　　海南省具有全国唯一的地理区位、独特的生态环境、稀缺的自然资源与多元的民族文化，交相辉映的自然与人文资源具有国家代表性。在这里，开展以国家公园为主体的自然保护地体系重构、热带雨林国家公园体制试点及各类自然保护地的建设，将为推进海南国家生态文明试验区及生态环境世界领先的自由贸易港建设起到积极作用。海南的自然保护地经过几十年的发展，对丰富多样的自然资源保护起到了积极作用，同时，在设立、建设及运营过程中，也存在一系列问题，在海南开展热带雨林国家公园体制试点阶段，国家公园主体性定位、管理体制、运营机制、法律体系及空间规划体系构建等问题亟待解决，以便为建立热带雨林国家公园、热带海洋国家公园及一系列的自然保护地提供对策与建议。

9 海南开展国家公园体制试点面临的
五大难点问题及对策❶

9.1 问题的提出

全国11个国家公园体制试点区域正在开展不同模式下的体制试点，并接受国家的综合评估。《建立国家公园体制总体方案》及《关于建立以国家公园为主体的自然保护地体系的指导意见》的出台，从宏观政策的角度为国家公园体制试点指明了实践探索的方向。根据国家公园的建设时序要求，至2020年，要完成国家公园体制试点并筹划国家公园总体布局。海南热带雨林国家公园体制试点区作为全国第11个批准开展体制试点的区域，在时间上已滞后于其他试点区，及时跟进开展海南国家公园体制试点中难度较大问题的研究，就显得非常重要。

在海南省这一具有国家代表性资源的热带岛屿省份，启动探索建立国家公园体制试点的研究，对完善国家公园体制试点的类型、助力建设国家生态文明试验区及具有世界级生态环境的自由贸易港，具有积极意义。此外，海南热带雨林是世界热带雨林系统中的重要组成部分，是我国分布最集中、保存最完好、面积最大的原始热带雨林，其岛屿型热带雨林具有全球生态价值及国家代表性，探索建设海南热带雨林国家公园对巩固海南绿色生态屏障、保护热带雨林生态系统、拯救热带珍稀濒危野生动植物，以及探索绿水青山就是金山银山的自然资源保护与利用等实践路径具有重要意义。

国内已有研究成果，为海南开展国家公园体制试点提供了参考。到目前为止，建立国家公园体制在我国被正式提出之前，国内已有来自风景园林、旅游管理、城乡规划、人文地理及景观生态等专业背景的专家

---

❶ 本章部分内容以题为《海南国家公园体制试点建设管理模式难点问题与对策》的文章在《今日海南》2019年第1期（总246期）上发表。

学者，针对我国不同历史阶段建立的自然保护区、风景名胜区、国家森林公园等自然保护地的发展建设进行了持续性的深入研究。

在2013年国家首次提出建立国家公园体制之后，要进行以国家公园为主体的自然保护地体系重构，学者们从自然保护地整体制度设计、资源保护与利用、公共管理制度、设置标准体系及国土空间布局等方面做了多角度的研究。

例如：清华大学杨锐教授对美国、英国、加拿大、澳大利亚的国家公园在立法执法、管理体制、规划体系及公众参与等方面取得的经验进行了持续性的研究，特别是对我国建立国家公园体制提出了需要处理好的有代表性的九对关系，包括需要处理好国家公园与自然保护地体系之间的关系，自然资源保护与合理开发利用之间的关系，国家公园的当代价值与后世传承的关系等，具有宏观层面的指导意义。国务院发展研究中心研究员苏杨对《建立国家公园体制总体方案》进行了系列解读，就国家公园体制建立所涉及的国家公园与自然保护地体系的关系、国家公园的旅游发展方式、野生动物保护及自然资源管理等实际问题提出了研究策略。国家林业局昆明勘察设计院院长唐芳林就国家公园建设阶段所面临的自然资源确权、管理机构设置和技术标准体系等问题提出了建议。中国科学院地理科学与资源研究所研究员钟林生追踪了近30年来国外国家公园的发展文献，总结了国外国家公园从"生物中心主义"发展到关注"国家公园与多方关系的交互"过程中的经验，为我国探索建立国家公园体制提出了多方面方向性的思考。同济大学建筑与城市规划学院吴承照教授，对主题为"公园，人与星球——激励"的2014 IUCN世界公园大会研讨的八个主要议题进行了综述，为我国自然保护地与国家公园的建设带来了国际新理念，并对10年举办一次的IUCN世界公园大会历年的主题也进行了梳理，使读者从主题的变迁中看到自然保护地与国家公园的发展方向。

2016年，在同济大学举办的首届生态文明与国家公园体制建设学术研讨会，各界学者从国家公园体制的相关政策、战略、研究与实践等方面进行了广泛深入的研讨。

2019年，中国环境出版社出版了《中国国家公园建设与社会经济协调发展研究》《中国国家公园立法研究》《中国国家公园财政事权划分和资金机制研究》《中国国家公园总体空间布局研究》《中国国家公园生态系统和自然文化遗产保护措施研究》《中国国家公园特许经营机制研究》《中国国家公园规划编制指南研究》《中国国家公园自然资源管理体制研究》《中国国家公园治理体系研究》等关于中国国家公园的系列丛书，从治理体系、管理体制、经营机制、规划编制、空间布局、立法体系以及协调发展等多角度对我国国家公园建设提供了详细的思路。

从全国各国家公园体制试点区的进展来看，分别在自然保护地整合、法律法规体系完善、日常管理制度制定、集体土地用途管制和社区发展机制构建等方面均进行了积极探索，但受现行法律法规、管理体制、支撑体系等的制约，在自然资源确权登记、跨行政区协同管理、多元资金保障、特许经营和协议保护制度等方面进展滞后❶。

不同研究领域的学者对国内外国家公园及自然保护地的研究，为我国建立国家公园体制带来了国际视野和本土探索的经验总结。这些研究，对于海南国家公园体制构建，均有一定参考价值。

针对海南国家公园体制试点的直接研究成果较少。在开展热带雨林国家公园体制试点之前，海南省已建成一系列自然保护区、国家森林公园、风景名胜区等自然保护地，并在规划建设、经营管理、保护利用等方面积累了一定的实践经验。学者们的研究主要集中在对五指山、尖峰岭、霸王岭、黎母山及吊罗山等热带雨林区的生物多样性、种群结构、种质资源与生态旅游等方面。例如，中国林业科学院生态环境与保护研究所研究员臧润国对热带雨林的种群结构和植物多样性进行了研究；海南大学杨小波教授从热带森林生态学与热带森林植物资源学的角度对霸王岭、铜鼓岭、五指山等区域展开了一系列的研究。

对建设热带雨林国家公园，王琳等提出了该国家公园具备资源的国家代表性、生态恢复的紧迫性及政策支持的可行性三大条件；具有作为

---

❶ 黄宝荣，王毅，苏利阳，等. 我国国家公园体制试点的进展、问题与对策建议［J］. 中国科学院院刊，2018，1：76-85.

生物基因库的国家战略价值、启智大众旅游时代的环境教育价值、提供公众户外活动的游憩价值、源自农耕文明的乡土价值及根植生态文明的遗产价值五大价值；以及应当采取通过空间整合保持生态完整性、发展环境教育、推动旅游业及多业态整合、协调生态保护与当地民生、完善国家公园地方立法及深化机构改革六大举措❶。

以上研究成果，为海南热带雨林国家公园体制试点工作奠定了一定的基础，但对海南这一全国唯一拥有大面积的原始热带雨林和海洋的热带岛屿省份，从宏观角度，针对海南建立国家公园体制面临的整体性、全局性与特殊性问题的关注仍然不足，需要深入开展系统的研究。

笔者认为，建立国家公园体制面临的国家公园主体性定位、管理体制、运营机制、法律体系、空间布局等将是海南国家公园体制建设的难点问题。只有这五个问题得到较好解决，国家公园建设才能由理念走向实践，真正落地与可操作。只有在明确以国家公园为主体的自然保护地体系之下，探索出目标明确的管理体制、可持续性的运营机制、有章可循的法律体系和符合地域特征的空间布局，才能更好地推进体制试点工作。

这五个问题分别是：

第一，主体性定位。目前，海南已针对不同的自然保护要素，相继建立自然保护区、风景名胜区、国家森林公园以及国家湿地公园等类型多样的自然保护地。要整合、重组这些功能区，必须明确国家公园的主体性地位，梳理出国家公园与上述自然保护地之间的关系，重构统一、规范的以国家公园为主体的自然保护地体系。

第二，管理体制。由于历史原因，造成海南自然保护地存在管理体系交叉、一地多牌、多头管理等现象。因此，需要从生态系统的角度整合各类保护地，并设置具有海南特色的国家公园管理机构，探索出高效的管理体制，确保国家公园实现以保护为主、全民公益性优先的目标。

第三，运营机制。海南的自然保护地由于自然资源的独特性往往同时又是A级旅游景区。国家公园不同于一般的具有旅游景区性质的自然

❶ 王琳，傅轶，David Weaver. 建设海南热带雨林国家公园 实现生态保护与协调发展和谐统一［J］. 今日海南，2018，7：29-31.

保护地，坚持生态保护第一和全民公益性是其显著的特性，也因此，在功能上，与这些保护地存在显著的差异。较之以旅游产业为主导的保护地，国家公园的首要功能是对重要自然生态系统的原真性、完整性进行保护。在科学保护的前提下，兼具科研、教育、游憩等公益性的综合功能。国家公园经营模式的选择自然不同于旅游景区或是以旅游开发为主导方向的自然保护地。在海南这一国家生态文明试验区及国际旅游消费中心，要构建国家公园体制，就必须探索出能够平衡自然资源保护与旅游资源开发的运营机制。

第四，法律体系。国家公园体制的建立，需要制定出一系列法律法规、部门规章、标准规范以便为其保护管理、经营发展、规划建设及社区合作等各个方面提供依据。在国家层面自然保护地及国家公园立法尚未出台的情况下，海南省需要根据本省实际，与现行的各类生态立法相衔接，完善相应的法律体系，以便规范、引导国家公园体制试点。

第五，空间布局。国家公园在四大主体功能区之中，属于以生态建设和环境保护为主体功能的禁止开发区域。2016年，海南省已经编制完成《海南省总体规划（空间类2015—2030）》，对海南省的国土空间进行了总体布局，将自然保护区、风景名胜区、森林公园、地质公园等纳入生态保护红线区域的国土空间管控范围之内。建立国家公园体制，需要在该规划的总体布局之下，以生态系统的视角，着重针对中部热带雨林、环岛海洋保护区域等作出合理的国家公园空间布局。

这五个问题，是海南国家公园体制建设必须解决好的实际问题。由于中国的国家公园体制建设起步较晚，国内其他国家公园体制试点区尚没有比较成熟的经验可以借鉴。这方面美国等国家，由于历史的原因，走在了前面。

美国、加拿大、德国、英国、法国、新西兰、澳大利亚、瑞典、日本与韩国等国家，根据各自在社会制度、经济体制、文化信仰等方面的不同国情，在国家公园的体系构建、管理体制、运营机制、法律体系及空间规划等领域均进行了差异化的探索，总结了实践经验。其中，最早建立国家公园及拥有国家公园数量最多的美国在这五个方面积累了以下经验：

国家公园体系构建方面，具有代表性的是由国家公园管理局管理、涵盖自然与文化遗产系统的美国广义的国家公园体系。从19世纪关注西部荒野景观、到20世纪初关注古迹遗址、再到20世纪60~70年代对生态及荒野价值的关注及20世纪80年代末对文化景观的高度认同❶，美国国家公园体系的价值理念变迁使体系构建呈现出多样性。该体系中主要涉及自然、历史、军事和游憩四种类型，包括国家公园、国家战场遗址、国家战场公园、国家战争纪念地、国家军事公园、国家历史公园、国家历史遗迹、国际历史遗迹、国家湖滨、国家纪念地、国家纪念碑、国家公园大道、国家保护区、国家保留地、国家休闲地、国家河流、国家自然风景河流与河道、国家风景步道、国家海滨及其他指定单位20种保护地，呈现出保护类型的多样性。

国家公园管理模式方面，美国在1916年成立美国国家公园局（NPS），经过19任局长的不懈努力，随着国家公园系列法案的颁布，在世界各国总体呈现的自上而下实行垂直领导辅以部门合作、民间协助的中央集权管理型，中央政府负责政令发布、地方政府负责具体管理实务的地方自治型，兼具中央集权及地方自治两种模式的综合管理型三种类型之中❷，形成了较为成熟的由"总统—内政部—国家公园管理局—协理局长、地区局长、理事会—基层部门"构成的垂直管理体系❸。

国家公园经营机制方面，美国国家公园资金来源主要有政府拨款、经营收入和社会捐赠，其中，以政府投入占比最大，用于日常运营及项目投资。经营收入主要包括以门票和交通系统基金为主的游憩费和特许经营、租赁协议和授权商业开发为主的商业服务收费，在资金结构中占比不大但作用显著。通过特许经营制度引入了市场资金和竞争机制，降低了政府提供公共产品建设和运营的成本，为公众提供了丰富的商业服务，促进了社会各界对国家公园事务的关注和参与，提高了国民对公共

❶ 凯莉·高切丝，若兰·米切尔，布兰登·布兰特，等. 价值演变与美国国家公园体系的发展［J］. 中国园林，2018，11：10-14.
❷ 唐芳林，王梦君. 国外经验对我国建立国家公园体制的启示［J］. 环境保护，2015，14：45-50.
❸ 吴亮，董草，苏晓毅. 美国国家公园体系百年管理与规划制度研究及启示［J/OL］. 世界林业研究：1-13［2019-12-09］. https://doi.org/10.13348/j.cnki.sjlyyj.2019.0087.y.

资源与环境的保护意识❶。

国家公园法律体系方面，美国的国家公园立法体系呈现出与管理体系一致的垂直性与多层次性、与时俱进的开放性与适应性，包含设立专门机构的基本授权法及针对国家公园管理各项事务的一般性和特殊性立法和相关法规，形成由"一园一法"、《国家公园管理局组织法》《国家公园管理局一般管理法》基本法、《公园内采矿法》《国家公园管理局特许经营管理改进法》《国家公园综合管理法》《国家公园空中旅游管理法》等单行法构成的法律法规体系，保障了国家公园管理的相对独立、自成体系，能够忠实服务于国家公园自身的管理目标，又能与其他法律法规构成涉及国家公园管理体制机制及具体操作的法律法规体系❷。

国家公园空间规划方面，较之我国侧重的物质性空间规划，美国国家公园管理局更重视规划、环境资源盘存与保护、公众参与三要素的协同，"规划—环境—公众意见"贯穿于"全国国家公园体系规划—每个国家公园内的建设行为"之中❸，同时，扎实的科学研究为规划提供了重要基础、完善的法律法规为规划体系构建提供了重要依据、全方位的区域协同是规划的重要内容、多方案多环节的规划过程是有效制定规划的路径❹。

虽然美国在这五个方面均为我国开展国家公园体制试点提供了经验借鉴，但国情与社会制度存在巨大差异，这些经验成果仍需在我国建立国家公园体制的实践中有选择性的采用。

要解决这五大问题，需借鉴国际、国内对国家公园的研究成果、实践经验，结合海南的实际，在对国家公园理念深入理解的基础上重构自然保护地体系。在"多规合一"的底图上，将海南作为一个整体，构建涵盖热带雨林、海洋、地域文化的岛屿型国家公园国土空间布局；提出符合海南实际，并具有全国示范作用的国家公园管理体制、运营机制、

❶ 吴健，王菲菲，余丹，等. 美国国家公园特许经营制度对我国的启示［J］. 环境保护，2018，24：69-73.
❷ 许胜晴. 美国国家公园管理制度的法治经验与启示［J］. 环境保护，2019，7：66-69.
❸ 吴亮，董草，苏晓毅. 美国国家公园体系百年管理与规划制度研究及启示［J/OL］. 世界林业研究：1-13［2019-12-09］. https://doi.org/10.13348/j.cnki.sjlyyj.2019.0087.y.
❹ 陈耀华，侯晶露. 美国国家公园规划体系特点及其启示——以美国红杉和国王峡谷国家公园为例［J］. 规划师，2019，12：72-77.

法律体系等方面的策略建议；以便开展整体性的统一规划、统一管理、统一保护、统一修复等工作，探索建立热带岛屿型国家公园体制。

在目前的知识背景下，探讨这些问题的解决方案，还必须具备多学科的综合视野。以生态学、规划学、社会学、管理学、经济学、法学等理论为依据。进行涵盖区域规划、风景园林、生态学、生物学、海洋学、地理学、经济学、社会学、管理学等，多学科交叉的跨界综合研究。

9.2　政策背景与概况

9.2.1　相关政策梳理

在倡导绿色发展的大背景下，生态文明建设上升为国家战略。2013年，我国首次提出建立国家公园体制，国家公园是生态文明建设的重要空间载体和先行示范区，国家公园体制建设是生态文明体制改革的突破点和重要抓手，在整个自然保护事业中具有极为重要的地位。自2013年我国首次提出建立国家公园体制以来，中央及有关部委出台了一系列文件，指导建立国家公园体制。海南省在全面深化改革的进程中，提出了推进开展国家公园体制试点的相关要求。现将国家、海南省有关国家公园的主要政策文件整理如表9-1。

国家、海南省有关国家公园主要政策文件一览表　　　　　　　表9-1

1	名称	《中共中央关于全面深化改革若干重大问题的决定》
	内容解读	《决定》在加快生态文明制度建设方面，首次在中央层面提出建立"国家公园体制"，并将其作为生态文明制度建设的重要内容
	备注	2013年11月12日，中国共产党第十八届中央委员会第三次全体会议通过
2	名称	《建立国家公园体制试点方案》
	内容解读	《方案》强调是国家公园体制试点而非国家公园实体试点，确定9个省份选取1个区域开展试点，试点区域选择应有代表性、典型性、可操作性，试点内容主要包括生态保护、统一规范管理、明晰资源归属、创新经营管理和促进社区发展
	备注	2015年1月发改委同中央编办、财政部、国土部等13个部门联合印发

3	名称	《中共中央　国务院关于加快推进生态文明建设的意见》（中发〔2015〕12号）
	内容解读	《意见》在生态环境保护章节中，提出建立国家公园体制的根本目的是要采用分级、统一的管理办法对自然生态和自然文化遗产原真性、完整性进行有效保护
	备注	2015年4月25日，中共中央、国务院印发
4	名称	《国务院批转国家发展改革委关于2015年深化经济体制改革重点工作意见的通知》（国发〔2015〕26号）
	内容解读	《通知》在生态文明制度建设章节中，明确提出要在9个省份，开展"国家公园体制试点"，作为生态文明体制改革重要内容
	备注	2015年5月8日，国务院批转国家发展改革委
5	名称	《生态文明体制改革总体方案》（中发〔2015〕25号）
	内容解读	《方案》中八项基础制度三处提及国家公园，对国家公园的所有权、范围界定、保护利用、法律法规方面提出了指导意见。并明确提出要在开展国家公园试点的基础上，研究制定出建立国家公园体制的总体方案
	备注	2015年9月21日，中共中央国务院印发
6	名称	《中华人民共和国国民经济和社会发展第十三个五年规划纲要》
	内容解读	《纲要》提出建立国家公园体制，整合设立一批国家公园
	备注	2016年3月16日第十二届全国人民代表大会第四次会议通过
7	名称	《国务院批转国家发展改革委关于2016年深化经济体制改革重点工作意见的通知》（国发〔2016〕21号）
	内容解读	《通知》要求抓紧推进9个国家公园体制试点
	备注	2016年3月25日，国务院批转国家发展改革委
8	名称	《建立国家公园体制总体方案》（中办发〔2017〕55号）
	内容解读	《方案》作为建立国家公园体制的总体框架，从总体要求、科学内涵、事权管理、资金保障、生态保护、社区发展、保障实施几个方面对建立国家公园体制提出了宏观的政策指引
	备注	2017年9月19日，中共中央办公厅、国务院办公厅印发
9	名称	《中共海南省委关于进一步加强生态文明建设谱写美丽中国海南篇章的决定》
	内容解读	《决定》为推进生态文明建设，建设美好新海南，制定出30条措施。将国家公园作为保护和修复自然生态系统的重要空间载体，提出了要研究制定热带雨林、海洋国家公园试点方案，逐步建立以国家公园为主的自然保护地体系
	备注	2017年9月22日，中国共产党海南省第七届委员会第二次全体审议通过

10	名称	《习近平：决胜全面建成小康社会 夺取新时代中国特色社会主义伟大胜利—在中国共产党第十九次全国代表大会上的报告》
	内容解读	《报告》指出要积极推进国家公园体制试点，建立以国家公园为主体的自然保护地体系，确立了国家公园在自然保护地中的主体地位
	备注	2017年10月18日，十九大报告
11	名称	《中共中央国务院关于支持海南全面深化改革开放的指导意见》
	内容	《意见》在生态文明体制改革章节中，将国家公园作为构建国土空间开发保护制度的一项重要内容，明确提出了要研究设立热带雨林等国家公园，构建以国家公园为主体的自然保护地体系
	备注	2018年4月11日，中共中央、国务院印发
12	名称	《习近平：在庆祝海南建省办经济特区30周年大会上的讲话》
	内容解读	《讲话》支持海南建设国家生态文明试验区，并指出要积极开展国家公园体制试点，建设热带雨林等国家公园，构建自然保护地体系
	备注	2018年4月13日，海南省办经济特区30周年大会
13	名称	《国务院关于印发中国（海南）自由贸易试验区总体方案的通知》（国发〔2018〕34号）
	内容解读	《方案》赋予海南经济特区改革开放新的使命，提出了包括建设国家生态文明试验区在内的"三区一中心"的战略定位，明确提出了贯彻生态文明和绿色发展的要求
	备注	2018年9月24日，国务院印发
14	名称	《海南热带雨林国家公园体制试点方案》
	内容解读	《方案》提出了开展热带雨林国家公园体制试点的工作内容是以热带雨林资源的整体保护、系统修复和综合治理为重点，目标是实现国家所有、全面共享、时代传承
	备注	2019年1月23日，中央深改委第六次会议审议通过
15	名称	《国家生态文明试验区（海南）实施方案》
	内容解读	《方案》提出制定实施海南热带雨林国家公园体制试点方案，整合重组海洋自然保护地，理顺各类自然保护地管理体制，扩大、完善及新建一批国家级、省级自然保护区等工作内容
	备注	2019年5月，中共中央办公厅、国务院办公厅印发
16	名称	《关于建立以国家公园为主体的自然保护地体系的指导意见》
	内容解读	《意见》对构建自然保护地体系、建立统一规范高效的管理体制、创新建设发展机制、加强生态环境监督考核等提出了系统性的指导，标志着我国自然保护地进入全面深化改革阶段
	备注	2019年6月26日，中共中央办公厅、国务院办公厅印发

国家层面从首次提出建立国家公园体制，到开展国家公园体制试点，再到构建以国家公园为主体的自然保护地体系，国家公园在自然保护地中的主体地位得以确立，并为建立以国家公园为主体的自然保护地体系在体系重构、管理体制、建设发展机制及环境监督考核等方面探索实践指明了方向。海南省层面从提出开展热带雨林国家公园体制试点，到建设国家生态文明试验区，对海南自然保护地提出了相关实施方案，海南以国家公园为主体的自然保护地体系已由开展热带雨林国家公园体制试点为契机开始了系列实践。

9.2.2 我国国家公园体制试点现状概况

1956年，我国开始建立国家自然保护区。至今，已建成多种类型的自然保护地。许多自然保护地存在空间上交叉重叠、管理上一地多牌、运营上责权不清、法律体系上自成一体等诸多问题。这种以各类生态环境要素为保护对象建立的保护地体系，忽视了生态系统的整体性、系统性，使得保护效果受到影响。开展国家公园体制试点，建立以国家公园为主体的自然保护地体系，正是对这种格局的修正。

9.2.2.1 全国国家公园体制试点现状概况

第一，开展了11个国家公园体制试点。在各类保护地广泛建立的基础上，建立"统一、规范、高效"的国家公园体制。2015年，我国开始了国家公园体制试点。截至目前，已建立了三江源、湖北神农架、福建武夷山、浙江钱江源、湖南南山、北京长城、云南普达措、东北虎豹、大熊猫、祁连山及海南热带雨林11个具有国家代表性的国家公园体制试点区，目前，正在对开展试点的区域进行综合评估。

第二，确定了国家公园及自然保护地的建设时序。在具有顶层设计意义的《建立国家公园体制总体方案》及《关于建立以国家公园为主体的自然保护地体系的指导意见》中，明确提出国家公园的建设时序：2020年，完成国家公园体制试点，设立一批国家公园；2025年健全国家公园体制，初步建成以国家公园为主体的自然保护地体系；2035年全面建成中国特色自然保护地体系，自然保护地占陆域国土面18%以上。

第三，对建立以国家公园为主体的自然保护地体系提出了改革实践的方向。例如：明确自然保护地功能定位、科学划定自然保护地类型、确定国家公园主体地位、归并优化自然保护地以构建科学合理的自然保护地体系；分级行使对自然保护地的管理职责、合理调整自然保护地范围、推进自然资源确权登记，实行自然保护地差别化管理以建立统一规范高效的管理体制；加强自然保护地生态恢复与硬件建设、合理进行生态移民搬迁安置、非生态项目的退出机制、退耕还林还草还湖还湿、自然资源有偿使用、全民共享机制以创新自然保护地建设发展机制；建立监测、评估、考核、执法及监督制度以加强自然保护地生态环境监督考察等方面均需要积极进行实践探索。

9.2.2.2　海南省国家公园体制试点现状概况

海南热带雨林国家公园作为全国第11个体制试点区、海南自由贸易试验区12个先导性项目之一开展了系列试点工作。

第一，跨行政区整合归并自然保护地，划定热带雨林国家公园体制试点区边界。2019年1月23日，中央全面深化改革委员会第六次会议审议通过《海南热带雨林国家公园体制试点方案》，热带雨林国家公园体制试点区横跨9个市县，涵盖约4400km^2，约占海南岛陆地面积的1/7，将位于海南中部山区被誉为"热带北缘生物物种基因库"的中国面积最大、保存最为完好的原始热带雨林及周边区域划入保护范围。

第二，建立热带雨林国家公园管理局。2019年4月1日，海南热带雨林国家公园管理局在陵水黎族自治县吊罗山揭牌成立，该管理局与海南省林业局的管理范围高度契合，18个由省林业局直管的林场保护区中有12个被划入热带雨林国家公园体制试点区之内，管理体制上具有探索建立国家公园垂直管理模式的优势。

第三，编制海南热带雨林国家公园总体规划及专项规划。《海南热带雨林国家公园总体规划（2019—2025年）》已编制完成，并上报国家林业和草原局。该规划界定了热带雨林国家公园的范围及功能分区以便实施差别化保护管理，其中，核心保护区约占总面积的60%。关于生态保护、旅游、基础设施的3个热带雨林国家公园专项规划正在编制之中。

第四，启动热带雨林国家公园建设系列计划。开展作为海南热带雨林国家公园体制试点的基础性工作，例如，将位于鹦哥岭山区生态核心地带及南渡江源头，山高路远、交通闭塞、产业发展滞后的白沙县南开乡高峰村111户498人实施生态搬迁。筹划建设环热带雨林国家公园专用公路及生态廊道、核心保护地带电子围栏、建设热带雨林国家公园大数据中心及组建热带雨林国家公园研究院等。

在全国唯一拥有陆地和海洋区域的热带岛屿省份海南省，探索建设具有国家代表性的国家公园体制，对完善国家公园体制试点类型将起到积极的作用。

9.3　五大主要问题的现实与对策

9.3.1　自然保护地体系构建中确立国家公园的主体地位

9.3.1.1　主体性构建的内涵与现状

在开展国家公园体制试点之前，并未出现真正意义上的国家公园。我国提出建立以国家公园为主体的自然保护地体系，就是要以国家公园整合现有的自然保护地，解决因分头设立各类保护地形成的各种问题与矛盾，而不是在现有保护地的基础上新增设立国家公园这一保护地类型层级。因此，整合现有各类自然保护地，确定国家公园的主体地位及唯一性是关键性问题。

1. 构建以国家公园为主体的自然保护地体系需要明确的三个问题

构建以国家公园为主体的自然保护地体系，需明确国家公园的特质，国家公园的主体性以及自然保护地体系的范畴三个问题。

首先是国家公园与自然保护地的区别问题。IUCN将国家公园的首要目标定位为：保护大尺度的生态过程，以及相关的物种和生态系统，禁止开发和有害的侵占。同时，应具有很强的公益性，可以为公众提供与其环境和文化相容的精神、科学、教育、休闲和游憩的机会。我国《建立国家公园体制总体方案》将国家公园定义为"由国家批准设立并主导管理，边界清晰，以保护具有国家代表性的大面积自然生态系统为主要目的，实现自然资源科学保护和合理利用的特定陆地或海洋区域"的定义。通过总结国际、国内对国家公园的描述和定义，笔者认为，国家公园应当具有以下四个基本的特征：第一，应具有完整的自然生态系统，且该系统能够代表一种典型的资源类型；第二，自然资源具有国家级或世界级价值，具有国家代表性；第三，自然资源具有世代传承的价值和意义；第四，必须能体现全民公益性。国家公园与原有各类自然保护地存在本质区别，国家公园的建立与原有的自然保护地之间不是简单替代的关系，或是在自然保护地之上增设一个层级，而是要以国家公园的标准，整合、归并、新增符合要求的自然保护地。

其次是国家公园在自然保护地中的主体性问题。国家公园的主体性主要体现在三个方面：第一，国家公园以生态保护优先及全民公益性为宗旨，要求确保全民所有自然资源在国家公园中占主体地位，由国家代表全民行使自然资源资产所有权。第二，具有在全国先行先试的引导性作用，例如，以国家公园的单项局部立法为先导，系统推进自然保护地的多项综合立法；开展全国性国家公园体制试点等。第三，作为国家重要的生态安全格局屏障，是维护社会公共利益的重要组成部分。

再次是构建自然保护地体系问题。自然保护地体系从保护对象的角度看，是国土空间中山水林田湖草生命共同体的重要组成部分，是由保护一定区域内的生物及生境的保护地的集合，以国家公园为主体、自然保护区为基础、各类自然公园为补充的自然保护地体系可以覆盖不同等级管理目标对应的自然生态系统。从实践路径的角度看，是系统性践行生态文明体制改革系列制度的重要空间实体，自然保护地体系是保护自然资源与提供生态产品服务的系统，需要协调"生态—经济—社会"的关系问题，是落实生态文明体制中自然资源资产管理制度、国土空间用途管制制度、自然资源有偿使用与生态补偿制度以及生态环境保护管理制度四项重要改革制度的空间实体。从类型体系构建角度看，世界各国分别从类型、等级、功能、权属、立法及管理等角度建构了符合国情的保护地体系，美国根据保护对象不同构建了包括国家公园体系在内的八大系统；巴西根据保护目标不同形成包括"完全保护类保护地"及"可持续利用类保护地"两大保护地类型，两大类型再分别划分为5种、7种细分类别，共计12类保护地的自然保护地体系；英国根据保护地等级层次划分为国际、欧洲、英国国家和英国成员国4个等级共36类保护地❶等；我国以国家公园为主体的自然保护地体系有别于以文化遗产为保护对象的物质文化遗产及承载非物质文化遗产的文化场所，也不同于以旅游为主体功能的旅游景区，在国土空间上对应的是"三生"空间中的生态空间。

2. 海南省以国家公园为主体的自然保护地体系构建现状

1976年6月，海南省建立了尖峰岭、大田国家级自然保护区，邦溪、南湾省级自然保护区等第一批自然保护区。时至今日，在海南这一岛屿型省份，已相继建立自然保护区、风景名胜区、国家森林公园、国家地质公园、水利风景区、国家湿地公园等一系列的自然保护地。这些不同类型的自然保护地对海南的热带雨林、海洋、火山、湿地、河湖水库、红树林、黑冠长臂猿、珊瑚礁、坡鹿、金丝燕等典型物种及生境，进行了不同程度的保护。据统计，海南省的自然保护区、森林公园、湿地公园、风景名胜区、地质公园等各类自然保护地共计116处，其中主要的自然保护地简列如表9-2所示。

海南省自然保护地类型一览表　　　　　　表9-2

自然保护地类型	数量	名录简列	备注
自然保护区	49	东寨港、三亚珊瑚礁、铜鼓岭、大洲岛、大田、霸王岭、尖峰岭、吊罗山、五指山国家级自然保护区等	49个自然保护区中，国家级10个，省级22个，市县级17个。按保护对象的类型分，陆地类型的自然保护区40个，海洋类型的7个，陆地和海洋综合的2个

❶ 陈耀华，黄朝阳. 世界自然保护地类型体系研究及启示［J］. 中国园林，2019，3：40-45.

续表

自然保护地类型	数量	名录简列	备注
风景名胜区	19	三亚热带滨海、东郊椰林、陵水海滨、石山、东寨港红树林、五指山风景名胜区等	国家级风景名胜区1个，省级18个
国家森林公园	9	海南尖峰岭、吊罗山、海口火山、黎母山、霸王岭、七仙岭温泉、海南兴隆侨乡国家森林公园等	
国家地质公园	1	海口石山火山群国家地质公园	
水利风景区	5	海口美舍河水利风景区等	
国家湿地公园	7	海南新盈国家湿地公园、海南南丽湖国家湿地公园等	国家级2个，省级5个。另有5个国家级湿地公园在试点

资料来源：根据《全国主体功能区规划》等资料整理。

2019年，在海南生物多样性丰富的中部山区，生存有坡鹿、长臂猿、猕猴、野生兰花、金丝楠木及沉香等热带珍稀濒危动植物的原始热带雨林区，重要的江河源头及水源涵养区，黎族、苗族少数民族传统栖居地，建立了海南热带雨林国家公园体制试点区。该试点区四至边界为：东起吊罗山国家森林公园、西至尖峰岭国家级自然保护区、南自保亭黎族苗族自治县毛感乡、北至黎母山省级自然保护区；跨越海南省中部五指山、琼中、白沙、保亭、东方、乐东、昌江、陵水、万宁9个市县39个乡镇；整合现已建立的五指山、鹦哥岭、尖峰岭、霸王岭、吊罗山5个国家级自然保护区和佳西等3个省级自然保护区，黎母山等4个国家森林公园，阿驼铃等6个省级森林公园及国有林场；总面积约4400万km^2，占海南岛陆域面积的1/7，成为我国以保护热带雨林生态系统为主的第11个国家公园试点区。

3. 本节小结

海南省正以建立"统一、规范、高效"的中国特色国家公园体制为目标，由类型多样化的保护地向构建注重自然生态的整体性、系统性及其内在规律性的自然保护地体系转变，以海南热带雨林国家公园体制试点区为先导，开始了整合现有自然保护地建立以国家公园为主体的自然保护地体系的探索实践。

9.3.1.2　海南国家公园体制试点阶段，国家公园主体性构建面临的难点问题

1. 自然保护地种类数量众多

在不同的历史时期由行政主管部门按照各自的管理职能、根据不同的法律依据，申报建立了分属林业、住建、环保、国土、海洋等职能部门管理的不同种类的自然保护地。海南自1976年建立第一批自然保护区以来，在已建成的116处自然保护地中主要包括49个自然保护区、19个风景名胜区、9个国家森林公园、1个国家地质公园、5个水利风景区、7个国家湿地公园（不含试点）。

2. 自然保护地保护等级参差不一

由于立法等级不同、地区差异及资源价值差异，导致自然保护地保护等级参差不一。从立法等级角度来看，除了自然保护区和风景名胜区是以条例作为法律依据，其余的国家森林公园、国家地质公园等自然保护地均以部门规章作为法律依据。自然保护地所在的地区由于交通区位、城市职能、产业发展的不同，对辖区内的自然资源保护和利用的方式存在差异。此外，根据自然资源的价值不同，又划分为国家级、省级，甚至市县级等不同等级。上述诸多因素，导致对自然保护地的自然资源保护力度存在显著差异。

3. 自然保护地保护资源异化

自然保护地优质的自然资源保护对象，在以属地管理为主、管理目标不明确的情况下，往往也可以成为特色的旅游吸引物。既是自然保护地又是A级旅游景区的情况屡见不鲜，按照旅游景区的经营模式来经营管理自然保护地，注重保护对象的经济功能，片面强调旅游开发，而影响了对自然资源的有效保护。在建设国家生态文明试验区和国际旅游消费中心的大背景下，需要找到协调自然资源保护和旅游产业发展的平衡点。

9.3.1.3　对策与建议

继《建立国家公园体制总体方案》公布之后，国家公园在自然保护地之中的主体地位在党的十九大报告中再次被强调，2019年，国家出台《关于建立以国家公园为主体的自然保护地体系的指导意见》。在这些政

策导向下，面对上述诸多问题，急需建立统一、规范、高效，能够协调现有各类自然保护地之间关系的以国家公园为主体的归属清晰、权责明确、监管有效的自然保护地体系。

1. 以"自上而下"的立法体系明确国家公园的主体地位

2013年，"建立国家公园体制"首次在中央层面被提出，随后在中央及海南省的政策性文件中也多次涉及。但在法律层面，国家公园法正处于草案审议阶段，尚未出台等级较高的全国性法律。在国家公园法定正式身份缺失的体制试点阶段，海南省需要根据建设时序建立相应的立法体系。建议由体制试点起步阶段的地方政府规章先行，到成熟阶段的"一条例加多管理办法"，再到国家公园正式建立阶段的"一园一法"，做到各个时期有法可依。

2. 以"垂直排他"的管理体系保障国家公园的主体地位

为避免"部门管理与属地管理相结合，以属地管理为主"的管理体系，造成的自然保护地多头管理、一地多牌、责权不清等现象，需要在自然资源产权制度下建立垂直、排他的管理体系。国家层面，下属自然资源部的国家公园管理局已经正式挂牌，海南省层面，海南省林业局已加挂海南热带雨林国家公园管理局牌子，建议在海南热带雨林国家公园体制试点进程中，完善海南热带雨林国家公园管理局职能，探索建立海南省级层面的国家公园管理局，向上与国家公园局对接，向下直接管理现有的各自然保护地管理机构以及今后需要建立的热带海洋国家公园管理处等，形成下属自然资源部的国家公园管理局、下属海南省自然资源和规划厅的国家公园管理局及热带雨林、热带海洋等国家公园管理处三级架构，探索建立国家公园垂直管理体制。

3. 以"一园多点"的空间布局强化国家公园的主体地位

目前，许多自然保护地的管理目标与保护地的类型存在本质差异，造成对自然资源的保护不力，利用不好。因此，需要根据国家公园生态保护为主、全民公益优先的终极目标，对现有的各类保护地进行空间上的重新区别划分。将以生态保护为主，体现公益性，具有国家代表性的保护地划入国家公园，进行严格的自然资源保护，开展对环境影响可控的公益性活动；将自然资源保护价值相对较低，适宜进行旅游开发的区域，划为旅游接待服务区，进行不单纯依赖自然资源的多要素体验的综合旅游产品开发。通过对自然资源保护等级的重新研判和管理目标的进一步明确，在国土空间上，形成以国家公园为主体，环绕国家公园形成特色小镇、共享农庄、A级旅游景区及生态城市的"一园多点"的空间结构，实现对生态系统的有效保护和旅游资源的合理利用。

4．以"共建共享"的运营理念优化国家公园的主体地位

要强化国家公园的主体地位，需协调好国家公园与区内及周边社区，国家公园与依托国家公园的旅游接待服务区（特色小镇、共享农庄、A级旅游景区），国家公园与特许经营企业之间的关系。社区、特色小镇、共享农庄、A级旅游景区、特许经营企业在分享国家公园品牌的同时，成为国家公园资源保护、形象展示、产品拓展的联盟伙伴，避免国家公园的孤岛式保护，实现区内区外的共建共享。

5．以"热带雨林加海洋"的典型资源突出国家公园的主体地位

从全国范围来看，较之陆域生态系统，对海洋生态系统的保护明显不足。在国家已批准的其他国家公园体制试点区，尚未涉及海洋这一生态保护类型。海南省除了拥有陆地生物量最高、分布最集中、保存最好的岛屿型热带雨林生态系统，还拥有大面积的海洋生态资源。其独特的地理区位、气候条件、岛屿型的国土空间格局，使之具有了唯一性、稀缺性和国家代表性的自然资源。整合现有的生态系统碎片化的陆域、海洋自然保护地，建设热带雨林国家公园、海洋国家公园，既体现海南特色，又将对完善我国的国家公园体制试点类型起到积极的作用。

9.3.2 探索垂直排他的国家公园管理体制

9.3.2.1 现状概况

1．自然保护地重复归类、重叠管理

我国的自然保护地自建立至今，存在重复归类、重叠管理的现象。截至2014年，在428个国家级自然保护区之中，有近1/4数量的保护区（110个）与国家级风景名胜区、国家森林公园、国家地质公园存在重复

归类、重叠管理的现象；在226个风景名胜区之中，又有超过半数的区域（153个）与国家森林公园、国家地质公园及国家湿地公园交叉、重叠；其中，保护等级较高的国家级风景名胜区和国家级自然保护区，也有46个被重复挂牌❶。

2. 自然保护地管理部门设置

随着国家层面大部制改革的继续推进，于2018年4月10日，组建了国家林业和草原局，并加挂国家公园管理局的牌子。该部门整合了与自然保护区、风景名胜区、自然遗产、地质公园等自然保护地密切相关，分属林业、农业、国土、住建、水利、海洋等行业职能部门的部分职责，由自然资源部管理。该部门的成立，旨在加大对生态系统的保护力度，使得对国家公园为主体的自然保护地体系的管理职责，在国家层面由一个部门统一行使得以确定。此外，由生态环境部根据《环境保护法》等，对自然保护地进行监管。

在海南省2018机构改革之前，海南省的自然保护地根据类别的不同，主要分属环保、林业、海洋、农业、住建、水利、国土等职能部门管理。2018年9月，海南省进行了机构改革，为服务国家生态文明试验区的建设要求，组建省自然资源和规划厅、省林业局，将海南省陆地、海洋自然资源纳入统一的管理体系，实现国土空间用途管制与自然资源合理配置的有效衔接；重新组建省生态环境厅，整合原有分散的生态环保职能，建立大环保管理体制。2019年4月，省林业局加挂热带雨林国家公园管理局的牌子，负责热带雨林国家公园体制试点工作。

3. 自然保护地事权层级划分

《建立国家公园总体方案》在界定中央和地方对国家公园的管理事权时明确提出：国家公园内全民所有自然资源资产所有权由中央政府和省级政府分级行使，条件成熟时，由中央政府直接行使。此外，要"合理划分中央和地方事权，构建主体明确、责任清晰、相互配合的国家公园中央和地方协同管理机制"。

---

❶ 苏杨，何思源，王宇飞，等. 中国国家公园体制建设研究［M］. 北京：社会科学文献出版社，2018.

9.3.2.2　海南国家公园体制试点阶段，构建管理体制面临的难点问题

①"一地多牌"现象普遍存在，完整的生态系统根据部门职能被要素化分割。

林业、住建、环保、国土、海洋等主管部门根据自身的职能范围，在不同的历史时期，对同一个自然保护地，申报了与其管理职能对应的自然保护地类型。导致一个保护对象具有多重身份，分属不同的职能部门管理，保护范围交叉重叠、管理目标各不相同，一个完整的生态系统根据部门职能被要素化分割。如：霸王岭林区，既是国家森林公园，又是国家自然保护区，以国家森林公园和国家自然保护区的身份，均编制规划，二者的空间范围大部分重叠，边界略有不同。

②"属地管理"为主的管理模式，导致自然资源产权制度虚设。

各自然保护地的行业主管部门只对保护地行使行业管理和技术指导的职能，主要由保护地所在的地方政府对其直接行使行政职能。地方政府为拉动地方经济，较之生态保护，更为注重对自然资源的开发利用，发挥其经济效益。这种"部门管理与属地管理相结合，以属地管理为主"的管理体制，不利于各自然保护地的生态保护。

③权责归属不清，导致体现全民公益性的目标定位缺失。

自然保护地具有维护国家生态安全、提供生态产品的功能，保护地所在区域的地方政府往往对其承担了与自身能力不相匹配的全国性责任。由于各地方政府的局限性，导致片面注重保护地的经济功能，强调自然保护地的旅游资源开发利用价值，忽视了这些自然资源的生态价值及公益属性。

9.3.2.3　对策与建议

①形成国家公园管理局、省级国家公园管理局、基层国家公园管理处的三级垂直管理架构。

针对上述诸多问题，需要建立专门的、权威的、具有排他性的机构代表国家行使职能，采取自上而下的政策性和强制性措施实现对国家公园的保护和利用，以避免国家级资源的地方化管理造成的不利影响。这

一管理架构，首先，需具有国土空间的规划职能，能够将破碎化的自然保护地在国土空间上进行整合、归并、重组；其次，能代表国家统一行使热带雨林国家公园自然资源资产管理职责；第三，在国家公园领域具有司法保障的独立性和自主权。海南省自然资源和规划厅已整合与自然保护地相关的多个职能部门责权，例如，负责全省的空间规划编制、审批和督察工作的原海南省住建厅，直管海南林场保护区的林业局等。在省自然资源和规划厅设置省级国家公园管理局，向上对接自然资源部下设的国家公园管理局，向下直接管理各基层的国家公园管理处。省级国家公园管理局是国家公园的最高决策机构，对国家公园的管理拥有绝对权威，其内可设规划建设、旅游服务、合作发展、科研监测、环境教育等专业部门，负责省域国家公园的综合管理工作，牵头整合现有的自然保护地，设立热带雨林、热带海洋等国家公园，国家公园内不再保留或设立其他自然保护地，避免一地多牌，并组建国家公园管理处。各基层的国家公园管理处是负责落实国家公园管理政策的执行机构，与海南省国家公园管理局对接，负责各国家公园的综合管理工作。逐步将"部门管理与属地管理相结合，以属地管理为主"的管理体制，转变为自然资源部下设的国家公园管理局、省自然资源和规划厅下设的省级国家公园管理局、基层国家公园管理处的三级垂直管理架构。

②建立集空间规划、管理规定、实施计划于一体的决策机制。

在明确的管理目标之下，建立物质空间规划、管理规定及实施计划于一体的决策机制。物质空间规划是对国家公园空间范围的界定、功能区域的划分及服务设施的布局；管理规定是制定实现自然资源严格保护、合理利用理想状态的保障措施；实施计划是要达到理想状态，需逐年开展的具体的综合行动计划。建议由省自然资源和规划厅组织开展海南省国家公园体制研究，尽快组织编制宏观层面具有战略意义的《海南省国家公园发展规划纲要》，指导建立以国家公园为主体的自然保护地体系。对海南中部建立的热带雨林国家公园，省自然资源和规划厅在组织编制《海南热带雨林国家公园总体规划》的基础上，制定《海南热带雨林国家公园管理办法》以及《海南热带雨林国家公园三年行动计划》等，使国家公园的建设、管理和实施能够有机统一，有序进行。在海南省级国家公园管理局设科学研究部门和专家委员会，涵盖区域规划、风景园林、生态学、动物学、植物学、海洋学、地理学、经济学、社会学、管理学等方面的研究人员及专家，提高科学研究、监测管理的能力，为政府决策提供专业咨询。在各国家公园建立驻场顾问制度，组成科研小组定期访问该公园，为其提供资源保护和管理的技术支撑。

③统一行使自然资源资产所有权与国土空间用途管制权。

健全自然资源资产产权制度是生态文明八项基础制度之一。要建立代表国家意志、体现全民公益性的国家公园体制，需以自然资源资产产权制度作为保障，统一行使自然资源资产所有权与国土空间用途管制权。海南坚持生态立省、强调绿色发展，于2018年1月，根据各市县的城市职能与发展实际，推出差异化的管理办法，对集中在海南中部、南部的12个市县的考核方式进行了调整。将其与包括省会海口在内的其余7个市县，进行区别划分，不再考核GDP、工业、固定资产投资，而是转向对自然生态环境保护成效的考核。这一举措为在海南中部整合建立热带雨林国家公园，在国家公园体制试点阶段，由省级政府更好地行使自然资源的所有权、国土空间用途管制权提供了政策支持。要健全自然资源的产权制度，需要尽快对自然资源进行确权，并合理定价。例如，对热带雨林、湿地、河流等自然资源进行资产实物核算，并对这些资源所能提供的生态产品和生态服务的价值进行评估。对自然资源和其所能提供生态产品和生态服务价值的量化，一方面可以防止盲目地对自然资源的掠夺性消费和对生态环境的无节制破坏，另一方面为制定具体的资源有偿使用和生态补偿办法奠定基础，也有利于中部市县建立健全绿色GDP核算体系。

④建立严格生态保护，体现全民公益性的管理机制。

管理机制的完善需要考虑以下三个方面：第一，要体现全民公益性。国家公园只有具备非盈利的属性，才能实现对生态的有效保护，顺利开展科学研究、环境教育等公益性活动。第二，建立协同保护机制。一方面是在条件尚未成熟期，特别是在国家公园体制试点阶段和国家公园初步设立阶段，海南省应配合国家层面的国家公园管理局做好自然资源和生态环境保护的协同管理工作。另一方面，省自然资源和规划厅下设的各部门在国家公园体制试点及具体的规划建设和监督管理过程中，需要形成联动机制，避免在整合相关部门职能之前因多头管理、职能狭窄造成的效率低下和保护不力等问题。第三，完善的监督机制。建立第三方评估制度，可由海南省生态环境厅对国家公园的建设和管理进行动态地科学评估；建立健全社会监督机制，鼓励公众参与，建立举报制度和权益保障机制。

9.3.3　平衡保护与发展的运营机制

9.3.3.1　现状概况

①管理机构大都以商业为导向，实行企业化经营。

自然保护地的资金和管理制度化保障程度普遍不高。例如，以保障程度较高的自然保护区为例，在全国的自然保护区设立的管理机构中，行政管理类有52个，参公管理类有85个，事业管理类936个，企业管理类28个，其他的管理类型包括上级机构为企业的有143个［数据源自《全国林业系统自然保护区统计年报（2015年度）》］。这些不同类型的管理机构，经费来源包括全额拨款、差额拨款、自收自支及相关经费未纳入财政预算等形式。在这种企业化的管理经营模式下，商业开发重旅游、轻保护，自然保护地的接待设施、人造景观、娱乐设施等以服务旅游接待为其规划设计目标，往往对生态系统的完整性和自然景观环境的和谐性造成破坏。海南与国内其他省的自然保护地一样，存在门票较高、多处收取门票等现象，而经营收入又大多没有用于自然资源的保护，经营方式较少兼顾周边社区参与，周边社区从中受益不足。

②林区企业与社区正处于产业转型之中。

从中华人民共和国成立初期至今，海南省的各大林区经历了从相继建立16个森工采伐企业采伐森林，到停止商业性采伐启动国家天然林资源保护工程的过程。在此期间，海南拥有的天然林，也从中华人民共和国成立初期的1800万亩锐减至1979年的570万亩。20世纪90年代，随着

《海南省森林保护管理条例》的颁布，于1994年停止了对天然林的采伐，又于1998年启动了国家天然林资源保护工程，森工企业面临转型。海南热带雨林林区，是全国重点国有林区天然林保护工程早期启动的区域，包括：4个林区、7个森工林场的688.5万亩土地。这些天然林保护区域也逐渐成了日后的自然保护地。在产业转型的过程中，原有的森工企业，需要转变森林资源的利用方式，将对自然资源的不合理利用转变为与自然保护地建立共建共享关系。而林区原住民或是森林工人，也需要将收益从单一的砍伐森林转变为保护森林及多种经营收入。为企业和社区找到可持续的替代发展的途径，使得在产业转型的同时社区受益，是建立国家公园体制需要探索实践的重要问题。

③土地权属更替、混合。

我国的自然保护地大多建立在20世纪80年代以后，这一时期在被界定为自然保护地的土地之中，部分已经划归集体所有。在海南，以既是自然保护区又是森林公园，位列五大林区之首的尖峰岭为例：在20世纪90年代初期，尖峰岭林业局将部分林区土地承包给尖峰镇的居民，获得土地使用权的居民便开始在林区居住和耕种；1993年实行森工转向转产后，为建设森林公园，林区出现了配套旅游开发的商服和基础设施用地；随着区域经济的发展，在21世纪初期，获得使用权在林区居住的居民又逐渐迁出林区。总体来看，在这几十年间，尖峰岭的林地呈现从减少到增加，配套旅游用地逐渐增加的趋势。因此，在不同时期所形成的土地利用方式转变和权属重置的现状中，要整合建立"统一、规范、高效"的国家公园体制，对土地权属的整合，成为其必要条件。

9.3.3.2 海南国家公园体制试点阶段，构建运营机制面临的难点问题

①自然保护地资金来源缺乏制度保障，导致保护不力。

自然保护地资金来源缺乏一种制度化的保障，为了缓解资金压力，自然保护地在企业化管理模式下进行商业开发，存在自收自支现象，并且导致缺少专业化的科研、管理、保护等人员配置，对自然保护地进行有效的管理、保护。

②整体转让、垄断经营的商业模式，导致公益性功能缺失。

目前，由国家所有，本应体现全面公益性的自然保护地，由于企业主导，这些自然保护地按照旅游景点的经营模式来经营管理，优质的自然资源，在以属地管理为主、管理目标不明确的情况下，被作为特色的旅游吸引物，按照资源的知名度和稀缺性来定价售卖。自然保护地被赋予商业属性，许多自然保护地门票价格较高，且多点收取门票，代替了应有的教育、科研、游憩等公益性功能。

③土地及自然资源分散的权属，导致多方利益诉求的冲突。

自然保护地内包含有国有土地、集体用地，且使用权分散。生态保护空间与原住民生产、生活空间混杂，生态保护与社区发展存在矛盾。在平衡自然资源保护与利用过程中，引发土地或者是资源管理纠纷的背后，实则是同一保护范围内，不同权属土地及自然资源所涉及的多方利益诉求的冲突。

9.3.3.3　对策与建议

①建立政府主导，多方筹资的资金保障制度。

国家公园的筹资渠道主要包括财政、市场和社会三个方面，要形成以国家财政拨款为主，公园特许经营、社会捐赠、公园门票收益为辅的资金保障制度。没有国家投入的保障机制，就难以保证国家公园具有一以贯之的国有性和公益性。国家财政拨款主要用于国家公园的基本建设及维持国家公园的正常运营，例如，进行资源监管、游客服务、设施维护和技术支持等。市场筹资渠道包括门票收入、特许经营及自然资源有偿使用费。此外，还可统一设立海南省国家公园基金官方慈善机构，各公园也可成立基金会，接受非政府组织和民众的捐赠，募集资金直接用于国家公园。

②建立管经分开，特许经营的国家公园经营模式。

可以采用国家公园管理机构有效管理、引入服务性企业投资经营的国家公园特许经营模式。特许经营需在特许经营合同的约束下开展，合同需对经营的计划、服务的类型、业务的评估、商品的销售及资源的管理等内容提出具体的要求。只有与国家公园核心资源无关的项目，才能开展特许经营。对必要的商业设施，实行特许承租经营，商品实行特许贴牌。开展特许经营的企业，还需要向政府交纳特许经营费，体现对自然资源的有偿使用。如果经营者有违约行为，对自然资源或是公园价值造成了破坏，国家公园管理部门有权单方面终止合同，收回特许经营权。

③明确生态补偿，转移支付的区域。

全国的主体功能区划分为优化开发区、重点开发区、限制开发区和禁止开发区四种基本类型。这四类不同性质功能区的划定，在国土空间上，明确了生态补偿的方向。国家公园属于其中的禁止开发区域。例如，在作为海南岛具有重要生态功能的绿心海南中部热带雨林区域建立热带雨林国家公园，需对其涉及的禁止开发区域提供禁止开发补助，选聘建档立卡人员为生态保护员的地区，要提供生态保护员补助。此外，对该地区，还可将生态保护成效与资金分配挂钩，建立激励约束机制。

④建立以国有土地产权为主体，资源可持续利用的社区共建模式。

国家公园的建立需保证生态系统的系统性、完整性，其范围内的土地需明确以国有为主体。其间涉及部分集体土地，需要通过赎买、置换等方式转化为国有；或是长期协议租赁集体土地的经营权；或是与集体土地所有者、承包者、经营者签订地役权合同，来实现统一的管理。补偿的形式可以是直接补给，也可以建立资源可持续利用的社区共管模式。例如，对热带雨林中的林下经济活动，可制定针对供役地人的"热带雨林保护地役权"，明确林下生产的范围，保留或削减的部分，精准计算出补偿数据，使原住民能从社区共管中获得收益，激发他们参与保护自然的积极性。

⑤构建国家公园与外部景区、镇村的联盟伙伴关系。

国家公园区内实行严格的生态保护及开展生态旅游，区外可以根据海南实际情况建设国家A级旅游景区、共享农庄、特色小镇及生态城市等，与国家公园建立伙伴合作关系，主要开展主题演艺、科普展览、休闲度假及特色美食品鉴等旅游接待服务。形成"一园多点"的结构形式，这些旅游景区、共享农庄、特色小镇与生态城市可以共享国家公园品牌，分享客源，为公众提供接触国家公园的多元途径，构建生态保护和旅游发展相互促进的和谐模式。也为当地民众提供更多就近就业的机会，使国家公园的建设得到当地民众的支持。

⑥建立国家公园产品品牌增值体系。

建立具有统一的产品标准、认证、标识的国家公园产品品牌体系。积极参与海南省旅游和文化广电体育厅指导下的海南旅游商品大赛等活动，提升产品品质和知名度。打造国家公园产品电商平台，拓展市场、树立品牌。形成从文创、生产、加工、包装、贮运到销售的完整产业链。通过管理平台和标准化的流程，使产品获得消费者的信赖，使产品通过国家公园品牌得以增值。可以对海南中部山区丰富的南药资源进行统筹开发。开发的过程需保障产品在全生命周期过程中尽可能避免人工干预，对自然环境的影响也最小。例如，开发苦丁茶、灵芝等保健品；槟榔、益智仁、砂仁、巴戟天南药药材特色产品。既体现当地传统地域文化特色又能促进农村经济发展、实现农民增收。

9.3.4 突出"一园一法"的法律保障体系

9.3.4.1 现状概况

我国涉及自然保护地的法律保障体系和技术规范标准体系分国家、地方两个层级。我国已经颁布了与自然保护地相关的各类国家法律，例如，《文物保护法》《环境保护法》《森林法》《野生动物保护法》《城乡规划法》《土地管理法》《海洋环境保护法》《海岛保护法》等。针对不同类型的自然保护地，也制定了一系列的法规及部门规章，对其提出相应的保护管理要求（表9-3）。

中国自然保护地类型与法规、规章一览表　　　　　　　　表9-3

自然保护地类型	法规	规章	行政管理部门职能
自然保护区	《自然保护区条例》	《自然保护区土地管理办法》《国家级自然保护区监督检查办法》《水生动植物自然保护区管理办法》《森林和野生动物类型自然保护区管理办法》《海洋自然保护区管理办法》	林业、环保、农业、国土、海洋

续表

自然保护地类型	法规	规章	行政管理部门职能
风景名胜区	《风景名胜区条例》	《国家级风景名胜区管理评估和监督检查办法》	住建
国家森林公园		《国家级森林公园管理办法》	林业
世界遗产		《世界文化遗产保护管理办法》	文保、住建、林业、水利、国土
国家地质公园		《地质遗迹保护管理规定》《国家地质公园规划编制技术要求》	矿产、国土
水利风景区		《水利风景区管理办法》	水利
国家湿地公园		《国家级湿地公园管理办法》	林业
海洋特别保护区		《海洋特别保护区管理办法》	海洋
海洋公园		《海洋特别保护区管理办法》	海洋

注：管理部门职能均为规章颁布当年所属相关行政管理部门的主要职能。

在技术规范标准方面，针对不同的自然保护地类型制订了一系列的国家标准和行业标准。以指导这些保护地具体的规划、设计、建设及管理等工作（表9-4）。

中国自然保护地类型与国家标准、行业标准一览表 表9-4

自然保护地类型	国家标准	行业标准
自然保护区	《自然保护区功能区划技术规程》（GB/T 35822-2018）、《自然保护区总体规划技术规程》（GB/T 20399-2006）、《自然保护区生态旅游规划技术规程》（GB/T 20416-2006）等	《自然保护区工程设计技术规范》（LY/T 5126-04）、《自然保护区管理计划编制指南》（LY/T 2937-2018）、《自然保护区管理评估规范》（HJ 913-2017）等
风景名胜区	《风景名胜区总体规划标准》（GB 50298-2018）、《风景名胜区管理通用标准》（GB/T 34335-2017）等	《风景名胜区监督管理信息系统技术规范》（CJJ/T 195-2013）、《风景名胜区公共服务自助游信息服务》（CJ/T 426-2013）等
国家森林公园	《国家森林公园设计规范》（GB/T 51046-2014）等	《国家级森林公园总体规划规范》（LY 2005-2012）等

续表

自然保护地类型	国家标准	行业标准
世界遗产	—	《中国国家地质公园建设技术要求与工作指南》（国土资源部，2002-11）、《世界地质公园网络工作指南和标准》（联合国教科文组织地学部，2008-06）等
国家地质公园	—	—
水利风景区	—	《水利风景区评价标准》（SL 300-2013）
国家湿地公园	—	《国家湿地公园评估标准》（LY/ 1754-2008）、《国家湿地公园建设规范》（LY/T 1755-2008）
海洋特别保护区	《海洋特别保护区选划论证技术导则》（GB/T 25054-2010）等	《海洋特别保护区分类分级标准》（HY/T 117-2010）、《国家级海洋保护区规范化建设与管理指南》《海洋特别保护区功能分区和总体规划编制技术导则》等

2008年，海南省就已提出建设国家公园的设想。截至2018年，先后出台了关于生态环境保护管理、生态环境损害责任追究等近40多项地方生态环境法规，与国家公园相关的生态立法简列如下（表9-5）：

海南省与国家公园的相关立法简表　　　　　　表9-5

立法时间	立法名称	通过形式
2013年	《海南省饮用水水源保护条例》	省人大常委会通过
2014年	《海南省自然保护区条例》	省人大常委会修订
2014年	《关于加强东寨港红树林湿地保护管理的决定》	海口市人大常委会通过
2015年	《三亚市白鹭公园保护管理规定》	三亚市人大常委会通过
2016年	《海南经济特区海岸带保护与开发管理规定》	省人大常委会修订
2016年	《海南省生态保护红线管理规定》	省人大常委会通过
2016年	《海南省珊瑚礁和砗磲保护规定》	省人大常委会通过
2017年	《海南省环境保护条例》	省人大常委会修订
2017年	《海南省人民代表大会常务委员会关于进一步加强生态文明建设谱写美丽中国海南篇章的决议》	省人大常委会通过

立法时间	立法名称	通过形式
2017年	《海南省红树林保护规定》	省人大常委会修订
2017年	《海南省水污染防治条例》	省人大常委会通过
2017年	《海南省海洋环境保护规定》	省人大常委会修订
2017年	《海南省人民代表大会常务委员会关于海南省大气污染物和水污染物环境保护税适用税额的决定》	省人大常委会通过
2018年	《海南经济特区土地管理条例》	省人大常委会修订
2018年	《海南经济特区林地管理条例》	省人大常委会修订
2018年	《海南省人民代表大会常务委员会关于实施海南省总体规划的决定》	省人大常委会通过

9.3.4.2　海南国家公园体制试点阶段，构建法律体系面临的难点问题

①尚未建立国家层面的法律法规，国家公园法定正式身份缺失。

我国尚未针对国家公园正式颁布现行有效的法律法规和部门规章。目前，开展国家公园体制试点缺乏国家层面的法律依据。国家公园法正式颁布之前，国家公园无法获得法定的正式身份。在法律依据缺位的情况下进行国家公园体制构建的试点，存在较大难度。

②国家公园的相关法律无法适用，体制试点难以规制。

在我国，自然保护区或者风景名胜区（National Park of China）有过被当作国家公园的历史。但自然保护区、风景名胜区不是真正意义上的国家公园，现行的《自然保护区条例》《风景名胜区条例》两部条例本身的立法理念、管理体制、功能分区、管理机制也不相同，用来规制国家公园，往往无法适用，需要制定国家公园的专门立法。

③不同立法主体制定的法律法规之间存在不协调等问题。

只有自然保护区和风景名胜区有行政法规作为法律依据，其余为各部门的规章，立法层级不高。各类自然保护地的立法主体不同，各行业部门根据各自行业的管理目标对各类自然保护地进行立法，立法原则不统一，立法的目标单一。不同的立法主体制定的部门规章或规范性文件

之间不协调。同一自然保护地又具有多重身份，存在不同层级的法律依据。要建立以国家公园为主体的保护地体系，就需要制定位阶较高的，立法目标明确的法律法规。

9.3.4.3　对策与建议

根据海南省国家公园体制建立的时序和国家相关立法的逐步颁布，分阶段建立海南省关于国家公园的相关法规、规章、标准体系。

①体制试点起步阶段制定地方政府规章。

在国家公园法缺位的情况下，海南省开展国家公园体制试点，需要依据现行的生态环境保护、各自然保护地的相关法律、法规、规章开展海南省的立法。处于试点起步阶段的海南省国家公园体制建设时期，制定地方性法规的条件尚不成熟。可以先制定地方政府规章，来规范指导国家公园体制建设的相关行政管理工作。建议由海南省自然资源和规划厅、省司法厅牵头，组织区域规划、风景园林、生态学、动物学、植物学、海洋学、地理学、地质学、经济学、管理学、社会学等相关专家拟订《海南省国家公园管理办法（试行）》，报海南省政府常务会议或全体会议审议，将其作为国家公园体制试点起步阶段的法律依据。

②体制试点成熟阶段形成"一条例加多管理办法"的法律体系。

随着试点的推进和国家层面法律法规的逐步建立，可正式出台《海南省国家公园条例》。配套制定国家公园系列管理办法，例如，关于科研监测、科普教育、生态管养、社区共建、特许经营、社会捐赠、生态旅游及国际交流合作等的相关实施方案。形成"一条例加多管理办法"的制度体系。此外，为统一、规范具体的国家公园规划编制，需制定《海南省国家公园资源调查与评价技术规程》《海南省国家公园总体规划编制办法》《海南省国家公园总体规划编制技术指引》等技术规定。为指导具体的国家公园建设，需编制完成《热带雨林国家公园总体规划》《海洋国家公园总体规划》等。形成整体性、层次性的立法体系。

③海南省国家公园正式建立阶段采用"一园一法"模式。

海南省国家公园体制试点结束之后，在建立各国家公园时，可采用"一园一法"的模式。根据每一个国家公园的不同的资源特征，如：热带

雨林、海洋、火山、湿地等，需要采取不同的保护、管理方式。由自然
资源和规划厅下设的海南省国家公园管理局组织各基层国家公园管理处
共同制定相应的管理办法，使得每一个国家公园的管理有法可依、有章
可循。

9.3.5　构建涉及热带雨林、海洋、地域文化的全域空间布局

9.3.5.1　现状概况

1. 自然保护地分布格局

海南的自然保护地可分为一是以资源保护为主的自然保护地，主要
集中在交通可达性相对较弱的海南岛中部生态绿心区域和环岛散布的旅
游资源相对分散的近岸海域，例如，位于海南中部区域的鹦哥岭、霸王
岭、吊罗山、尖峰岭、五指山、黎母山等热带雨林区。二是以资源利用
为主的自然保护地，主要集中在交通可达性好、旅游资源较集中的区
域，这些自然保护地，又多数同时为A级景区，例如，三亚热带滨海风景
名胜区，该区包括亚龙湾、天涯海角、南山三大景区和鹿回头公园、西
岛、蜈支洲岛等七个景点，其中，不乏AAAAA或AAAA旅游景区；海口
石山火山群国家地质公园、七仙岭温泉国家森林公园，同时也是AAAA旅
游景区等。

2. 自然保护地国土空间技术平台

海南省为建立各类规划的协同平台，2015年在全国率先开展省域"多
规合一"改革试点，取得了包括建立管理机构、统一数据标准、整合信
息平台等一系列的技术成果和管理经验。这就为构建以热带雨林、热带
海洋等国家公园为主体的自然保护地体系空间布局，提供了技术上的有
力支撑和管理上的经验借鉴。

9.3.5.2　空间规划解读

2016年，海南省住房和城乡建设厅组织编制完成了《海南省总体规
划（空间类2015—2030）》。该规划对海南省的生态保护红线进行了专题
研究，为守住资源环境生态红线提供了法定依据。现将与国家公园及自
然保护地相关的内容整理如下：

1. 涵盖陆域自然保护地的省域陆域生态空间的划定

该规划划定的陆域三类主体功能区之一的禁止开发区域，基本涵盖了各类自然保护地所涉及的国土空间。该区域即一级生态功能区，需严格进行生态保护红线管理，总面积11535km²，约占海南省陆域国土面积的33.5%。按照对国土空间保护管控强度的差异，又划分为Ⅰ类红线区，面积为5544km²，占全省陆域国土面积的16.1%和Ⅱ类红线区，面积为5991km²，占全省陆域国土面积的17.4%。建立国家公园需涉及的自然保护区的核心区和缓冲区、极重要生物多样性保护红线区、海岸带自然岸段保护区均属于Ⅰ类红线区，该区禁止与生态保护无关的开发建设；自然保护区的实验区，重要生物多样性保护红线区，地质公园、森林公园、湿地公园，海岸带自然岸段生态缓冲区则属于Ⅱ类红线区。该规划对海南省各个市县的陆域生态红线也进行了统一的界定（表9-6）：

海南省各市县陆域生态保护红线面积一览表　　　　　表9-6

序号	市县	陆域生态保护红线			
		Ⅰ类红线区（km²）	Ⅱ类红线区（km²）	总计（km²）	占市县面积比例（%）
1	海口市	64.84	332.92	397.76	17.38
2	三亚市	585.76	277.17	862.93	44.93
3	儋州市	200.88	385.55	586.43	17.85
4	文昌市	92.99	387.91	480.90	19.56
5	琼海市	82.74	102.44	185.18	10.83
6	万宁市	379.70	344.08	723.78	38.10
7	东方市	492.88	494.74	987.62	43.46
8	五指山市	504.70	370.18	874.88	77.37
9	定安县	6.90	101.53	108.43	9.06
10	屯昌县	95.40	71.72	167.12	13.65
11	澄迈县	18.45	252.10	270.55	13.03
12	临高县	36.51	121.86	158.37	11.79

序号	市县	陆域生态保护红线			
		I类红线区（km²）	II类红线区（km²）	总计（km²）	占市县面积比例（%）
13	昌江黎族自治县	305.35	450.08	755.43	46.62
14	乐东黎族自治县	511.15	727.75	1238.90	44.80
15	陵水黎族自治县	194.91	211.63	406.54	36.71
16	白沙黎族自治县	738.54	498.52	1237.06	58.47
17	保亭黎族苗族自治县	261.81	312.58	574.39	49.23
18	琼中黎族苗族自治县	967.59	546.57	1514.16	55.99
19	洋浦经济开发区	2.69	2.29	4.98	4.41

资料来源：数据来自《海南省总体规划（空间类2015—2030）》。

　　从表9-6的统计数据可以看出，陆域生态保护红线划定面积较大，占该市（县）域面积比例也较大的有五指山市、白沙黎族自治县、琼中黎族苗族自治县、昌江黎族自治县、乐东黎族自治县、三亚市、东方市。这些市县均位于海南省的中部、南部，是海南省的生态绿心，也是热带雨林自然资源集中成片分布的区域。海南省总体规划对这些省域的陆域生态空间进行了国土空间的范围界定和保护等级划分，为具体建立热带雨林国家公园，划定其空间范围提供了规划依据。

　　2. 涵盖海域自然保护地的省域海洋生态空间的划定

　　《海南省总体规划（空间类2015—2030）》规划的海域四类主体功能区之一的禁止开发区域，是指对维护海洋生物多样性，保护典型海洋生态系统具有重要作用的海域，总面积为195040.12km²。

　　其中，海南岛近岸海域生态保护红线范围，总面积为8316.6km²，占近岸海域面积的35.1%。该区域按不同的保护强度，又细分为I类红线区，总面积为365.6km²，占近岸海域面积的1.54%和II类红线区，总面积为7950.9km²，占近岸海域面积的33.53%。建立国家公园需涉及的海洋自然保护区的核心区和缓冲区、海洋特别保护区的重点保护区和预留区属于I类红线区；海洋自然保护区的实验区、海洋特别保护区的资源恢复区和适度利用区等属于Ⅱ类红线区。分散到各个市县的近岸海域生态红线范围的数据统计如下（表9-7）：

海南省各市县近岸海域生态保护红线面积一览表　　　　　表9-7

序号	市县	近岸海域生态保护红线			
		Ⅰ类红线区（km²）	Ⅱ类红线区（km²）	总计（km²）	占近岸海域比例（%）
1	海口市	28.1	27.7	55.8	7.02
2	三亚市	26.3	895.1	921.4	28.55
3	儋州市	1.7	480.9	482.6	26.37
4	文昌市	50.6	1458.1	1508.7	25.75
5	琼海市	—	425.1	425.1	27.72
6	万宁市	26.4	789.3	815.7	29.41
7	东方市	9.8	1246.6	1256.4	68.53
8	五指山市	—	—	—	—
9	定安县	—	—	—	—
10	屯昌县	—	—	—	—
11	澄迈县		3.9	3.9	8.18
12	临高县	199.9	224.7	424.6	62.83
13	昌江黎族自治县	—	685.3	685.3	63.52
14	乐东黎族自治县	0.3	1143.9	1144.2	66.22
15	陵水黎族自治县		557.4	557.4	29.32
16	白沙黎族自治县	—	—	—	—
17	保亭黎族苗族自治县	—	—	—	—
18	琼中黎族苗族自治县	—	—	—	—
19	洋浦经济开发区	—	—	—	—

资料来源：数据来自《海南省总体规划（空间类2015-2030）》。

从表9-7的统计数据可以看出，海南的各沿海市县，海口市和澄迈县近岸海域生态红线保护范围占近岸海域比例较小，除琼海市、澄迈县、昌江黎族自治县、陵水黎族自治县辖区内没有规划Ⅰ类红线区，其余的东方市、乐东黎族自治县、临高县、文昌市、万宁市、三亚市均将近岸海域按保护强度划分出Ⅰ、Ⅱ类红线区。

与国家公园密切相关的是这些生态红线范围内的海洋自然保护区和海洋特别保护区。该规划将海南岛近海岸海域，共划分为20个海洋保护区，其中，17个海岸海洋保护区，3个近海海洋保护区。并提出至2020年，海洋保护区面积共1182.59km²，占近岸海洋功能区的4.97%的规划目标（表9-8）。

海洋保护区一览表   表9-8

功能区名称	功能区类型	地区	地理范围	面积（hm²）	岸段长度（km）
东寨港红树林海洋保护区	海岸海洋保护区	海口市	海口市东寨港内	3831.37	59.46
文昌清澜港红树林海洋保护区（罗斗片区）	海岸海洋保护区	文昌市	文昌市东寨港、新埠海海域	401.11	18.35
文昌清澜港红树林海洋保护区（八门湾片区）		文昌市	文昌市八门湾内	1811.06	54.11
文昌清澜港红树林海洋保护区（冯家湾片区）		文昌市	文昌市冯家湾海域	301.35	7.72
文昌麒麟菜海洋保护区（抱虎角片区）	海岸海洋保护区	文昌市	邦庆村至内六村沿岸7米以浅的海域	3617.33	20.79
文昌麒麟菜海洋保护区（铜鼓岭—冯家湾片区）		文昌市	铜鼓岭至冯家湾沿岸7米以浅的海域	10607.76	34.05
铜鼓岭海洋保护区	海岸海洋保护区	文昌市	文昌市龙楼镇，保陵河口的口岩至春桃村	3629.49	18.54
琼海市麒麟菜海洋保护区	海岸海洋保护区	琼海市	三更峙至青葛渔港7米以浅的海域	2471.1	10.65
			上教村至草塘村7米以浅的海域	817.88	2.34
大花角海洋保护区	海岸海洋保护区	万宁市	万宁市大花角附近海域	295.08	4.08
黎安海草海洋保护区	海岸海洋保护区	陵水黎族自治县	陵水黎族自治县安港潟岛	872.7	15.94

续表

功能区名称	功能区类型	地区	地理范围	面积（hm²）	岸段长度（km）
新村海草海洋保护区	海岸海洋保护区	陵水黎族自治县	陵水新村港潟岛内东南部海域	1296.33	17.5
铁炉港红树林海洋保护区	海岸海洋保护区	三亚市	三亚铁炉港内	70.11	9.85
亚龙湾青梅港红树林海洋保护区	海岸海洋保护区	三亚市	三亚田独镇，青梅港河口	84.98	6.4
三亚珊瑚礁海洋保护区（亚龙湾片区）	海岸海洋保护区	三亚市	三亚市亚龙湾野猪岛、西排和东排海域	2376.59	5.57
三亚珊瑚礁海洋保护区（鹿回头半岛—榆林角片区）		三亚市	三亚鹿回头至大小东海海域	1865	19.45
三亚珊瑚礁海洋保护区（东西瑁洲片区）		三亚市	三亚市三亚湾东西瑁洲岛海域	2852.51	
东方黑脸琵鹭海洋保护区	海岸海洋保护区	东方市	东方市四更镇境内	2054.19	25.63
马蓉—海尾珊瑚礁海洋保护区	海岸海洋保护区	昌江黎族自治县	昌江黎族自治县海尾镇，马蓉—海尾岸段	1727.65	7.62
新英湾红树林海洋保护区	海岸海洋保护区	儋州市	儋州市新英湾潟湖港湾内北湖和东南部岸段	2315.65	50.35
临高县白蝶贝海洋保护区	海岸海洋保护区	儋州市-临高县	儋州市后水湾-金牌港	45338.68	108.99
东场-彩桥红树林海洋保护区	海岸海洋保护区	儋州市-临高县	儋州市和临高县交界	358.51	9.85
花场湾红树林海洋保护区	海岸海洋保护区	澄迈县	澄迈县马村港花场湾潟湖内	1147.21	32.58
美兰海底村庄海洋保护区	近海海洋保护区	海口市	海口市演丰镇北港岛附近海域		
七洲列岛海洋保护区	近海海洋保护区	文昌市	文昌市东北海域	21178.91	
大洲岛海洋保护区	近海海洋保护区	万宁市	万宁市东澳镇东侧大洲岛及其附近海域	6936.66	

资料来源：数据来自《海南省总体规划（空间类2015–2030）》。

157

从表9-8可以看出，海洋保护区分布于海口市、文昌市、琼海市、万宁市、陵水黎族自治县、三亚市、东方市、昌江黎族自治县、儋州市、临高县、澄迈县，涉及除乐东黎族自治县的各沿海市县。海南省总体规划明确了20个海洋保护区的空间范围、保护区面积和涉及岸段的长度，为具体建立海洋国家公园，划定其空间范围提供了规划依据。

9.3.5.3　海南国家公园体制试点阶段，构建空间布局面临的难点问题

①以典型要素为主的保护地建设，忽视了生物多样性和生态系统性。

为保护火山、湿地、红树林、黑冠长臂猿、珊瑚礁、坡鹿、金丝燕等典型生境或特有物种，要素化的设立自然保护地，以生态系统中的某一要素为主要保护对象来划定保护范围，忽视了生物多样性和生态的系统性，导致生态系统破碎化。生态系统是一个整体，要使这些要素化的保护对象，能够实现能量流动、物质循环、信息传递的生态功能，需要考虑如何完整界定出其所在的更大空间尺度的生态系统。

②孤立分散的自然保护地空间布局，破碎化的生态系统，难以统一、规范、高效地进行保护。

在海南热带雨林国家公园体制试点区建立之前，海南中、南部的热带雨林生态系统内，已形成分散在各县域，多个孤立、分散、规模较小的不同类型的自然保护地。这些自然保护地在不同的历史时期建立起来，考虑行政区划，从便于属地管理角度界定自然保护地的范围。对自然资源的相互关联性研究不足，自然保护地边界划定缺乏生态学的理论指导，也没有从区域规划的角度展开研究，没有经过充分的科学论证和完整性分析，导致针对同质资源形成了多点分散的自然保护地。行政区划范围和生态系统边界是两种不同的理论支撑、管理目标导向下的空间范围界定。生态系统的完整性被中、南部市县的行政区划打破。破碎化的生态系统，难以统一、规范、高效地进行保护。

③自然保护地与A级景区混杂重叠，保护与开发存在不可调和的矛盾。

有的自然保护地同时也是A级旅游景区，将具有高等级保护价值的自然资源等同于旅游资源。既作为自然保护地又是A级旅游景区，管理理

念、目标的不同，导致保护与开发存在不可调和的矛盾，难以并存于同一地域空间，空间边界需要在明确的管理目标下重新界定。

④各类保护地内部管理分区不一，需要统一标准统筹划分。

各类自然保护地管理目标不一致，对自然资源的保护强度也存在明显差异。根据各自的立法依据，其内部空间形成了不同的管理分区。例如，自然保护区分为核心区、缓冲区和实验区三区；风景名胜区分为生态保护区、自然景观保护区、史迹保护区、风景恢复区、风景游览区和发展控制区六区；森林公园分为核心景观区、一般游憩区、管理服务区和生态保育区四区等。重组多种自然保护地的国家公园，需要对其内部的管理分区进行统一标准下的统筹划分。

9.3.5.4　对策与建议

①明确以保护生态完整性、系统性为核心理念的空间划定基本思路。

第一，建立斑块—廊道—基底模式。针对目前分散分布、相对孤立的各类自然保护地，可建立斑块—廊道—基底模式加以整合。国家公园不是把现有的各色保护地在空间上简单地集中，界定空间范围应充分考虑这些自然资源的整体性、系统性和完整性。其范围内的自然资源相互关联不可分隔，或者是社区文化和自然资源联系密切。表现在空间形态上，就是将这些外貌和性质与周围环境不同的匀质斑块，以及不同于周围环境的带状廊道整合在分布最广、连续性也最大的背景结构基底之中，形成一个完整的生态系统。

第二，以保护生物多样性为内在划定原则。海南是我国唯一的热带岛屿省份，这里物种丰富且具有代表性，有着重要的岛屿型热带雨林物种基因库。这里有4597种野生植物；577种陆栖脊椎动物，其中，两栖类37种、爬行类104种、鸟类360种（占全国的26%）、兽类82种（占全国的19%，21种为海南特有种）；4000多种昆虫。国家一级保护植物有海南苏铁、葫芦苏铁、三亚苏铁、台湾苏铁、坡垒等，国家一级保护野生动物有海南长臂猿、云豹、坡鹿、白腹军舰鸟等。以保护生物多样性为内在原则划定国家公园的国土空间范围，需从仅根据旗舰物种来建立保护体系，转向系统地考虑生物与环境的关系，以及其他因素的综合指标，形成完整的生态系统。在范围划定时，需特别注重海南珍稀濒危野生动植物资源的拯救保护，例如，需认真调查、研究海南长臂猿、坡鹿等动物的栖息地和迁徙廊道，苏铁、坡垒等珍稀濒危野生植物种群的生态位等问题，严格守住国家重点保护野生动物123种、野生植物48种的物种红线。

第三，实现自然环境与人文环境的叠加。原住民文化景观是一个由原住民群体在与土地长期、复杂的相互联系作用下形成的具有突出价值的特色景观。体现了原住民在生产生活、土地利用、生态保护方面的传统模式，是人类活动与自然环境之间形成的相伴相生的关系。在国家公园范围内，不必一刀切都采用生态移民的方式，可根据实际情况，在不影响和破坏生态环境的前提下，允许存在少量现状村庄。比如：热带雨林中的黎族、苗族村落，在不破坏核心自然资源的前提下，原住民可依旧在此正常的生产生活，这样也是对农业文化遗产的保护。

②基于海南山水格局，实现跨行政区划的生态安全国土空间重构。

生态安全格局在宏观的、大尺度的、超越行政区划的国土空间之中，是具有涵养水源、调蓄洪水、构建生物栖息地网络等功能，维护自然生态过程的重要地域景观格局。就海南特殊的"岛屿型"生境而言，中部山区是海南主要河流昌化江、万泉河、南渡江的发源地，是涵养水源的重要保护地，同时，也是热带雨林成片分布的区域，是海南的生态绿心；由绿心延展开的是包括38条生态水系和7条自然山脊生态廊道；边界由保护珊瑚礁、海草床、红树林、湿地等生境、物种的近岸海域围合，形成全域生态保育体系，对维护海南生态安全具有重要意义。这种生态格局是一种多层次的、连续完整的、跨行政区划的网络，需根据景观要素、生态功能的完整性进行空间布局。

③平衡自然资源保护和利用，合理界定国家公园与旅游景区（点）的空间关系。

国家公园是以生态保护为主、全民公益性优先为主要目标。主要体现在公园的门票相对较低，禁止游客进入的区域也较多。同时，注重开展环境教育、爱国教育等暂时看不到经济效益，但技术含量又较高的生态旅游，并且兼顾周边社区的发展。旅游景区（点），虽然也包括了诸多可以带动所在区域产业发展，同时又不会增加环境承载力的业态，但较之国家公园，本质上实行市场经济体制，其使命是开展以非公益性的、技术含量相对较低的、服务大众旅游业态为主的区域整体开发。因此，对于既是自然保护地又是旅游景区（点）的区域，在自然保护地重组整合的过程中，建议在空间范围的划定上充分协调自然资源保护和利用的平衡关系，将其有效区分。一方面，将这些位于国家公园之外的旅游景区（点），如：A级景区、特色小镇、共享农庄，作为国家公园品牌增值体系的基地，分享国家公园资源品牌的同时，进行三产融合，与国家公园结成将自然资源转换为生态产品以及旅游商品的联盟伙伴关系。另一方面，对国家公园范围进行的重新界定，也即是对范围内外以保护为主还是开发为主的管理目标的重新明确，同时，使国家财政对以保护为主的国家公园的转移支付的资金分配更为合理清晰。这样，既不损害国家公园周边社区居民的利益，容易获得他们对国家公园自然资源保护的支持，又能满足不同利益相关者的合理诉求，便于进行高效的管理。

④以生态保护为主导，将国家公园内部空间划分为四个功能区域。

各类保护地根据各自的法律依据，其内部空间采用了不同的划定方式。重组整合后的国家公园在内部空间的划分上，也应体现生态保护为主、全民公益性优先的主要目标。建议将国家公园的内部空间按功能、性质、保护强度划分为四个区域：严格保护区，是自然生态系统最完整、价值最高的区域，其保护级别也最高；生态保育区，是原生生境遭到破坏，需要进行生态恢复的区域，保护级别仅次于严格保护区；科普游憩区，是为游客提供集游憩、展示、教育于一体的生态旅游的区域；绿色发展区，是经过评估，对核心自然资源不造成影响的原住民长期进行生产生活的区域。严格保护区的面积占国家公园的面积建议不小于30%；生态保育区的面积则需根据原生生境需要进行生态恢复的实际情况划定；科普游憩区的面积占国家公园的面积建议不大于5%；绿色发展区是对原有社区的保留，留住原住民和农业文化遗产，良好的社区共建共享模式还可以激发原住民对国家公园内自然资源保护的原动力，绿色发展区面积占国家公园的面积建议不大于5%。为更好地指导下一步具体的规划建设，在国家公园建设相关技术规范之中，可进一步研究制定整个范围内部具体的用地分类标准，对各类用地进行细化和量化。

⑤以热带雨林国家公园为主体，优化陆域自然保护地空间格局。

在海南热带雨林国家公园体制试点阶段，对其进行综合评估，协调与生产、生活空间的关系，研究确定热带雨林国家公园的空间范围，探索建立整合热带雨林自然资源、热带特色景观资源及原生态民俗文化资源的海南热带雨林国家公园。在陆域空间范围，以海南中部热带雨林国家公园为主体，打破行政区划界限，以景观生态学的斑块—廊道—基底为模型，构建能充分满足生物栖息、迁徙，保护生物多样性及典型生境的自然保护地网络体系。

⑥以海洋保护网络为理念，进行热带海洋国家公园国土空间范围界定。

建议在环海南岛的海域整合东寨港红树林、文昌清澜港红树林、文昌麒麟菜、铜鼓岭、琼海麒麟菜、大洲岛、三亚珊瑚礁、东方黑脸琵鹭、儋州白蝶贝、临高白蝶贝、西沙东岛白鲣鸟、西沙群岛、中沙群岛及南沙群岛海洋保护禁止开发区域建立热带海洋国家公园。以构建海洋保护网络为理念，整合单一点状式的保护区选址，以适应海洋流动性这一特征。热带海洋国家公园的建立可以更好地维护南海的海洋权益，同时，保护珊瑚礁生态系统、海草床生态系统、红树林生态系统等南海海洋生态环境和海洋资源，也能丰富、完善我国国家公园体制试点的类型，为探索建立海洋国家公园奠定基础。

9.4 本章小结

9.4.1 上述五大问题的研究探索，是海南建立国家公园体制的迫切需要

建立国家公园体制是生态文明体制改革的重要内容，国家公园体制试点区是建设生态文明体制创新的探索区域。全国各国家公园体制试点区，根据不同保护需求、管理目标建立不同的管理体制，在体制试点中实现制度创新和管理优化，允许采用不同的模式去尝试，这种因地制宜

的多元实践探索正是开展体制试点的意义所在。

海南在体制试点实践探索的过程之中，需要构建起一套体系框架。首先，必须明确国家公园体制是一项国家公益事业，国家公园具有公共产品的属性。其次，要在现状的自然保护地之中整合出以国家公园为主体的自然保护地体系，就需整合资源，包括自然资源和与之相伴相生的文化遗产资源；划定边界，以景观生态理论而非行政区划为导向在国土空间上界定出各类生态系统的边界；整合权属，整合各相关主体的权属关系，即是要统一行使对自然资源资产产权和国土空间用途管制。即理顺国家公园范围内资源层面、空间层面及权属层面的关系。再次，建立变属地管理为国家垂直管理的管理机构；构建以财政投入为主的多元资金保障机制；逐步完善相关法规、规章和技术规范，确保国家公园有法可依，有章可循（图9-1）。

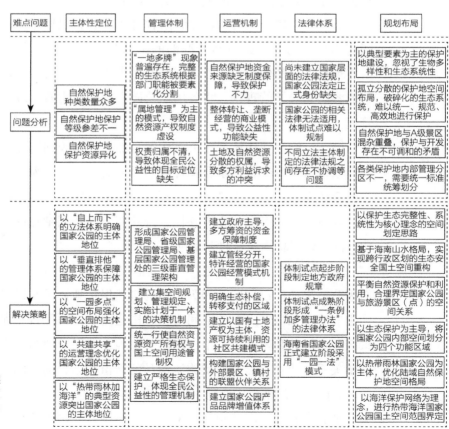

图 9-1　海南开展国家公园体制试点面临的五大难点问题及对策

9.4.2 近期行动建议

在海南开展国家公园体制试点阶段，建议根据实际情况，主要从以下几个方面开展实践探索：

第一，积极开展试点。兼顾国家公园体制试点和未来国家公园正式建立与规划。建议海南省政府组织开展海南省国家公园体制研究，尽快组织编制省域宏观层面具有战略意义的《海南省以国家公园为主体的自然保护地体系发展规划纲要》。通过多维度的科学论证和完整性分析，划定热带雨林国家公园的界限范围，以《海南热带雨林国家公园体总体规划》为依据，编制海南热带雨林国家公园道路体系、电子信息系统、防火救援体系、生态保护与修复等专项规划，以便指导具体的规划建设与资源保护。探索编制《海南热带海洋国家公园总体规划》，以指导归并、整合海洋自然保护地建立海南热带海洋国家公园。

第二，组建管理机构。在海南省自然资源和规划厅设海南省国家公园管理局，向上对接自然资源部的国家公园管理局，向下直接管理海南省现有各自然保护地的管理部门及热带雨林国家公园管理处和以后设置的各国家公园管理处。将各国家公园管理处作为省本级一级预算单位管理。

第三，健全立法体系。由海南省自然资源和规划厅、司法厅牵头组织专家拟订《海南省国家公园管理办法（试行）》，报海南省政府常务会议或全体会议审议。条件成熟后颁布《海南省国家公园条例》以及关于特许经营、科研考察、生态移民、野外巡护等系列细化的管理办法。强化各国家公园总体规划的法律地位，实现"一园一法"。

第四，整合重组保护地。兼顾保护与发展，重新划分以保护自然生态为公益事业的以国家公园为主体的自然保护地体系与以发展旅游产业为主的旅游景区（点）的空间边界。构建国家公园等自然保护地与旅游景区（点）的联盟伙伴关系，国家公园等自然保护地与周边社区的共建共享关系，建立自然资源到旅游商品的增值体系，助力国家生态文明试验区、国际旅游消费中心的目标建设。

第五，制定行动计划。一是开展全面调查，对重新界定的自然保护地区域内的自然资源、土地资源进行调查确权、价值评估；对热带雨林、海洋生态系统的物种、群落、生态系统进行全面调查；对区域内社区居民的生产、生活方式，收益来源等进行调查统计；对区内黎族、苗族文化等海南传统文化承载区进行调查。二是进行资金核算，对必要的地区实施生态移民所需资金；对必要的土地征收、赎买、置换、长期协议租赁等产生的费用；对生态恢复所需资金进行核算等。三是建立研究平台，作为对外开展国际交流的桥梁，对内提供技术支撑的智库。

　　总之，国家公园体制试点需要形成以政府为主导，需要全体国民、相关企业、公益组织、科研单位及教育机构等形成多方参与机制，共同推进探索建立具有海南特色的国家公园体制，为推进生态环境世界领先的自由贸易港建设发挥积极作用。

参考文献

第1章

［1］ 黄承梁. 中国共产党领导新中国70年生态文明建设历程［J］. 党的文献，
2019，5：49-56.

［2］ 习近平. 推动我国生态文明建设迈上新台阶［J］. 求是，2019，3：4-9.

［3］ 蕾切尔·卡逊. 寂静的春天［M］. 吕瑞兰，李长生，译. 长春：吉林人民出
版社，1997.

［4］ 丹尼斯·米都斯等. 增长的极限：罗马俱乐部关于人类困境的报告［M］. 李宝恒，
译. 长春：吉林人民出版社，1997.

［5］ 芭芭拉·沃德，勒内·杜博斯. 只有一个地球：对一个小小星星的关怀和维护
［M］. 国外公害丛书编委会，译. 长春：吉林人民出版社，1997.

［6］ 万以诚，万岍. 新文明的路标：人类绿色运动史上的经典文献［M］. 长春：
吉林人民出版社，2000.

［7］ 奥尔多·利奥波德. 沙乡年鉴［M］. 侯文蕙，译. 长春：吉林人民出版社，
1997.

［8］ 世界环境与发展委员会. 我们共同的未来［M］. 王之佳，柯金良，译. 长春：
吉林人民出版社，1997.

［9］ 赫尔曼·E. 戴利，肯尼思·N. 汤森. 珍稀地球［M］. 马杰，钟斌，朱又
红，译. 北京：商务印书馆，2001.

［10］ 唐纳德·沃斯特. 自然的经济体系：生态思想史［M］. 侯文蕙，译. 北京：
商务印书馆，1999.

［11］ 戴维·佩珀. 现代环境主义导论［M］. 宋玉波，朱丹琼，译. 上海：格致出
版社，上海人民出版社，2011.

［12］ 霍尔姆斯·罗尔斯顿Ⅲ. 哲学走向荒野［M］. 刘耳，叶平，译. 长春：吉林
人民出版社，2000.

［13］ 薛晓源，李惠斌. 生态文明研究前沿报告［M］. 上海：华东师范大学出版社，
2007.

［14］ 艾伦·杜宇. 多少算够：消费社会与地球的未来［M］. 毕聿，译. 长春：吉林人民出版社，1997.

［15］ 佟立. 当代西方生态哲学思潮［M］. 天津：天津人民出版社，2017.

第2章

［1］ 吴保光. 美国国家公园体系的起源及其形成［D］. 厦门大学，2009.

［2］ 杨锐. 美国国家公园体系的发展历程及其经验教训［J］. 中国园林，2001，1：62-64.

［3］ 朱里莹，徐姗，兰思仁. 国家公园理念的全球扩展与演化［J］. 中国园林，2016，7：36-40.

［4］ 唐芳林. 国家公园定义探讨［J］. 林业建设，2015，5：19-24.

［5］ 周维权. 中国古典园林史［M］. 北京：清华大学出版社，1999.

［6］ 唐小平. 中国自然保护区：从历史走向未来［J］. 森林与人类，2016，11：24-35.

［7］ 张国强，贾建中，邓武功. 中国风景名胜区的发展特征［J］. 中国园林，2012，8：78-82.

［8］ 贾建中. 我国风景名胜区发展和规划特性［J］. 中国园林，2012，11：11-15.

［9］ 王钰，王爽宇. 我国国家公园体制试点总面积22万平方公里［J］. 中南林业科技大学学报，2019，10：145.

［10］ Nigel Dudley. IUCN自然保护地管理分类应用指南［M］. 朱春全，欧阳志云，等译. 北京：中国林业出版社，2016.

［11］ 陈斐. 中国传统文化中的生态文明思想［J］. 南都学坛，2014，2：31-34.

［12］ 钱穆. 文化学大义［M］. 北京：九州出版社，2012.

［13］ 约翰·缪尔. 我们的国家公园［M］. 郭名倞，译. 长春：吉林人民出版社，1999.

［14］ 亨利·戴维·梭罗. 瓦尔登湖［M］. 苏福忠，译. 北京：人民文学出版社，2004.

第3章

［1］ 苗东升. 系统科学大学讲稿［M］. 北京：中国人民大学出版社，2007.

［2］ 苗东升. 系统科学精要［M］. 北京：中国人民大学出版社，1998.

第4章

［1］ 吴承照. 保护地与国家公园的全球共识——2014IUCN世界公园大会综述［J］. 中国园林，2015，11：69-72.

［2］ IUCN and UNEP-WCMC.（2014）The World Database on Protected Areas（WDPA）：April 2014. Cambridge，UK：UNEPWCMC.

［3］ 陈耀华，黄丹，颜思琦. 论国家公园的公益性、国家主导性和科学性［J］. 地理科学，2014，3：257-264.

［4］ 申世广，姚亦锋. 探析加拿大国家公园确认与管理政策［J］. 中国园林，2001，4：91-93.

［5］ 王梦君，唐芳林，孙鸿雁，等. 国家公园的设置条件研究［J］. 林业建设，2014，2：1-6.

［6］ 杨锐. 美国国家公园入选标准和指令性文件体系［J］. 世界林业研究，2004，2：64-36.

［7］ 雷光春，曾晴. 世界自然保护的发展趋势对我国国家公园体制建设的启示［J］. 生物多样性，2014，4：423-425.

［8］ 罗杨，王双玲，马建章. 从历届世界公园大会议题看国际保护地建设与发展趋势［J］. 野生动物，2007，3：45-48.

［9］ 李如生，厉色. 保护全球化　跨国界受益——来自第五届世界公园大会的报告［J］. 中国园林，2003，11：74-78.

［10］ 薛达元. 第四届国家公园与保护区世界大会简介［J］. 农村生态环境，1992（02）：64.

［11］ 祝光耀. 更新观念，拓宽思路，加大自然保护力度——第五次世界公园大会给我们的启示［J］. 生物多样性，2003，6：439-440.

［12］ 杨超伦. "超越国界的利益"：影响深远的第五届世界公园大会［J］. 生态经济，2003，12：6-10.

［13］ 菲利普·克莱顿，贾斯廷·海因泽克. 有机马克思主义:生态灾难与资本主义的替代选择［M］. 孟献丽，于桂凤，张丽霞，译. 北京：人民出版社，2015.

［14］ 蔡守秋. 调整论：对主流法理学的反思与补充［M］. 北京：高等教育出版社，2003.

第5章

［1］ 中共中央，国务院. 关于建立国土空间规划体系并监督实施的若干意见，2019-05.

［2］ 中共中央办公厅，国务院办公厅. 关于建立以国家公园为主体的自然保护地体系的指导意见，2019-06.

［3］ 焦思颖. 将国土空间规划一张蓝图绘到底［N］. 中国自然资源报，2019-05-29（001）.

［4］ 林坚，吴宇翔，吴佳雨，等. 论空间规划体系的构建——兼析空间规划、国土空间用途管制与自然资源监管的关系［J］. 城市规划，2018，5：9-17.

［5］ 吕忠梅. 关于自然保护地立法的新思考［J］. 环境保护，2019，Z1：20-23.

第6章

［1］ 朱春全. IUCN自然保护地管理分类与管理目标［J］. 林业建设，2018，5：19-26.

［2］ 蒋志刚．论保护地分类与以国家公园为主体的中国保护地建设［J］．生物多样性，2018，7：775-779．

［3］ 王祝根，李晓蕾，史蒂芬·J·巴里．澳大利亚国家保护地规划历程及其借鉴［J］．风景园林，2017，7：57-64．

［4］ 庄优波．IUCN保护地管理分类研究与借鉴［J］．中国园林，2018，7：17-22．

［5］ 束晨阳．论中国的国家公园与保护地体系建设问题［J］．中国园林，2016，7：19-24．

［6］ 吴承照．中国国家公园模式探索：2016首届生态文明与国家公园体制建设学术研讨会论文集［C］．北京．中国建筑工业出版社．2017．45．

［7］ 吕偲，曾晴，雷光春．基于生态系统服务的保护地分类体系构建［J］．中国园林，2017，8：19-23．

［8］ 唐小平，栾晓峰．构建以国家公园为主体的自然保护地体系［J］．林业资源管理，2017，6：1-8．

［9］ 欧阳志云，徐卫华，杜傲，等．中国国家公园体系总体空间布局研究［C］．北京．中国环境科学出版社．2018．

［10］ 刘冬，林乃峰，邹长新，等．国外生态保护地体系对我国生态保护红线划定与管理的启示［J］．生物多样性，2015，6：708-715．

［11］ 田世政．中国自然保护区域管理体制：解构与重构［M］．北京：中国环境出版集团，2018．

［12］ Nigel Dudley．IUCN自然保护地管理分类应用指南［M］．朱春全，欧阳志云，等译．北京：中国林业出版社，2016．

［13］ 杨锐，申小莉，马克平．关于贯彻落实"建立以国家公园为主体的自然保护地体系"的六项建议［J］．生物多样性，2019，2：137-139．

［14］ 唐芳林，王梦君，孙鸿雁．建立以国家公园为主体的自然保护地体系的探讨［J］．林业建设，2018，1：1-5．

［15］ 赵智聪，彭琳，杨锐．国家公园体制建设背景下中国自然保护地体系的重构［J］．中国园林，2016，7：11-18．

［16］ 周睿，肖练练，钟林生，等．基于中国保护地的国家公园体系构建探讨［J］．中国园林，2018，9：135-139．

第7章

［1］ 苏杨．规划、划界、分区，利益如何划分？——解读《建立国家公园体制总体方案》之六［J］．中国发展观察，2018，17：42-47．

［2］ 吴承照．国家公园是保护性绿色发展模式［J］．旅游学刊，2018，8：1-2．

［3］ 杨锐，曹越．论中国自然保护地的远景规模［J］．中国园林，2018，7：5-12．

［4］ 虞虎，钟林生，曾瑜哲．中国国家公园建设潜在区域识别研究［J］．自然资源学报，2018，10：1766-1780．

［5］ 王梦君，唐芳林，孙鸿雁．国家公园范围划定探讨［J］．林业建设，2016，1：

21-25.

［6］ 赵文武，王亚萍. 1981—2015年我国大陆地区景观生态学研究文献分析［J］. 生态学报，2016，23：7886-7896.

［7］ 王红梅，王堃. 景观生态界面边界判定与动态模拟研究进展［J］. 生态学报，2017，17：5905-5914.

［8］ 林坚，吴宇翔，吴佳雨，等. 论空间规划体系的构建——兼析空间规划、国土空间用途管制与自然资源监管的关系［J］. 城市规划，2018，5：9-17.

［9］ 邹兵. 自然资源管理框架下空间规划体系重构的基本逻辑与设想［J］. 规划师，2018，7：5-10.

［10］ 佟彪，党安荣，李健，等. 我国"多规融合"实践中的尺度分析［J］. 现代城市研究，2015，5：9-14.

第8章

［1］ 孟令浩. 现有国家管辖范围外海洋保护区的管理措施［J］. 中国环境管理干部学院学报，2019，1：9-12.

［2］ 沈国英，施并章. 海洋生态学［M］. 北京：科学出版社，2003.

［3］ 索安宁，关道明，孙永光，等. 景观生态学在海岸带地区的研究进展［J］. 生态学报，2016，11：3167-3175.

［4］ Nigel Dudley. IUCN自然保护地管理分类应用指南［M］. 朱春全，欧阳志云，等译. 北京：中国林业出版社，2016.

［5］ 李文杰. 海洋保护区制度与中国海洋安全利益关系辨析［J］. 国际安全研究，2019，2：45-67+157-158.

［6］ 中共中央办公厅，国务院办公厅. 关于建立以国家公园为主体的自然保护地体系的指导意见，2019-06.

［7］ 国家质量技术监督局. 海洋自然保护区类型与级别划分原则：GB/T 17504-1998［S］. 北京：中国标准出版社，1999.

［8］ 国家海洋局. 海洋特别保护区管理办法［Z］. 2010.

［9］ 黄伟，曾江宁，陈全震，等. 海洋生态红线区划：以海南省为例［J］. 生态学报，2016，1：268-276.

第9章

［1］ 黄宝荣，王毅，苏利阳，等. 我国国家公园体制试点的进展、问题与对策建议［J］. 中国科学院院刊，2018，1：76-85.

［2］ 王琳，傅轶，David Weaver. 建设海南热带雨林国家公园 实现生态保护与协调发展和谐统一［J］. 今日海南，2018，7：29-31.

［3］ 凯莉·高切丝，若兰·米切尔，布兰登·布兰特，等. 价值演变与美国国家公园体系的发展［J］. 中国园林，2018，11：10-14.

［4］ 唐芳林，王梦君．国外经验对我国建立国家公园体制的启示［J］．环境保护，
2015，14：45-50.

［5］ 吴亮，董草，苏晓毅．美国国家公园体系百年管理与规划制度研究及启示［J/
OL］．世界林业研究：1-13［2019-12-09］．https：//doi.org/10.13348/j.cnki.
sjlyyj.2019.0087.y.

［6］ 吴健，王菲菲，余丹，等．美国国家公园特许经营制度对我国的启示［J］．环
境保护，2018，24：69-73.

［7］ 许胜晴．美国国家公园管理制度的法治经验与启示［J］．环境保护，2019，7：
66-69.

［8］ 陈耀华，侯晶露．美国国家公园规划体系特点及其启示——以美国红杉和国王
峡谷国家公园为例［J］．规划师，2019，12：72-77.

［9］ 陈耀华，黄朝阳．世界自然保护地类型体系研究及启示［J］．中国园林，
2019，3：40-45.

［10］ 苏杨，何思源，王宇飞，等．中国国家公园体制建设研究［M］．北京：社会
科学文献出版社，2018.

［11］ 赵智聪，彭琳，杨锐．国家公园体制建设背景下中国自然保护地体系的重构［J］．
中国园林，2016，7：11-18.

［12］ 苏杨，王蕾．中国国家公园体制试点的相关概念、政策背景和技术难点［J］．
环境保护，2015，14：17-23.

［13］ 杨锐．防止中国国家公园变形变味变质［J］．环境保护，2015，14：34-37.

［14］ 唐芳林．国家公园属性分析和建立国家公园体制的路径初探［J］．林业建设，
2014，3：1-8.

［15］ 苏杨．事权统一、责权相当，中央出钱、指导有方——解读《建立国家公园体
制总体方案》之一［J］．中国发展观察，2017，Z3：95-102.

［16］ 魏钰，苏杨．《建立国家公园体制总体方案》中的"权、钱"相关问题解决方
案解析［J］．生物多样性，2017，10：1042-1044.

［17］ 严国泰，张杨．构建中国国家公园系列管理系统的战略思考［J］．中国园林，
2014，8：12-16.

［18］ 吴承照，杨浩楠，张颖倩．行为分析方法与国家公园功能分区模式——以云南
大山包国家公园为例［J］．环境保护，2017，14：21-27.

［19］ 傅广海．基于生态文明战略的国家公园建设与管理［M］．成都：西南财经大
学出版社，2014.

［20］ 杨锐等．国家公园与自然保护地研究［M］．北京：中国建筑工业出版社，
2016.

［21］ 张希武，唐芳林．中国国家公园的探索与实践［M］．北京：中国林业出版社，
2017.

［22］ 国家林业局森林公园办公室，中南林业科技大学旅游学院．国家公园体制比较
研究［M］．北京：中国林业出版社，2015.

［23］ 罗金华．中国国家公园设置标准研究［M］．北京：中国社会科学出版社，2015.

［24］沃里克·弗罗斯特，C. 迈克尔·霍尔. 旅游与国家公园：发展、历史与演进的国际视野［M］. 王连勇，等译. 北京：商务印书馆，2014.

［25］吴承照. 中国国家公园模式探索2016首届生态文明与国家公园体制建设学术研讨会论文集［M］. 北京：中国建筑工业出版社，2017.

［26］天恒可持续发展研究所. 国家公园体制的国际经验及借鉴［M］. 北京：科学出版社，2019.

［27］王磐岩，张同升，李俊生，等. 中国国家公园生态系统和自然遗产保护措施研究［M］. 北京：中国环境出版社，2018.

［28］邓毅，毛焱，等. 中国国家公园财政事权划分和资金机制研究［M］. 北京：中国环境出版社，2018.

［29］欧阳志云，徐卫华，杜傲，等. 中国国家公园总体空间布局研究［M］. 北京：中国环境出版社，2018.

［30］杨锐，马之野，庄优波，等. 中国国家公园规划编制指南研究［M］. 北京：中国环境出版社，2018.

［31］温亚利，侯一蕾，马奔，等. 中国国家公园建设与社会经济协调发展研究［M］. 北京：中国环境出版社，2019.

［32］张海霞. 中国国家公园特许经营机制研究［M］. 北京：中国环境出版社，2018.

［33］杜群. 中国国家公园立法研究［M］. 北京：中国环境出版社，2018.

［34］余振国，余勤飞，李闽. 中国国家公园自然资源管理体制研究［M］. 北京：中国环境出版社，2018.

［35］刘金龙，赵佳程，徐拓远. 中国国家公园治理体系研究［M］. 北京：中国环境出版社，2018.

［36］李文军，徐建华，芦玉. 中国自然保护管理体制改革方向和路径研究［M］. 北京：中国环境出版社，2018.

［37］田世政. 中国自然保护区域管理体制：解构与重构［M］. 北京：中国环境出版社，2018.

［38］李春晓，于海波，白长虹. 国家公园：探索中国之路［M］. 北京：中国旅游出版社，2015.

后记

　　本书成稿于新型冠状病毒全球爆发之际，这一突如其来的黑天鹅事件促使人类重新审视当下的社会生产、生活方式，反思人与自然的关系问题，站在时间的轴线上多年后回顾这一全球性的公共卫生事件，或许，会成为推动人类社会进步的杠杆点，开启全新的历程。

　　在构建人类命运共同体、开展全球生态治理的进程中，国家公园既是蓝色星球对人类的无私馈赠，也承载着人类对自然的敬畏与欣赏，在这里，交织着关于自然与人文、保护与利用、乡土与现代、眼下与未来、国家与全球的得失取舍，人们正试图从零和博弈的过去走向共建共享的未来。

　　在海南省这一热带岛屿省份，位于岛屿中部山区的热带雨林国家公园，为黎族原住民、新海南人、旅居候鸟和即将到来的海南自由贸易港投资兴业人士守护了生命之源、四时之景，带来的是长久的安康与福祉。作为享受其福荫的新海南人，仅以对她投入持续性的关注、研究与保护，作为不足万一的回馈。

　　本书只是研究国家公园的起点，国家公园所具有的复杂性、系统性，仍需不断突破有限理性，以多学科的视角带着系统的观念与方法继续深入探索，文中浅陋之处，敬请方家雅正！

　　感谢学者们灿若星辰的学术思想的滋养，师长的修正与引领、友人的悉心帮助以及亲人的陪伴与支持，在此一并谨致谢忱！

陈曦

2020年6月于海口